フクシマは核戦争の訓練場にされた

東日本大震災「トモダチ作戦」の真実と5年後のいま

石井康敬
Yasunori Ishii

旬報社

はじめに

あの日、二〇一一年三月一一日から、私たち日本人の生活の仕方や考え方が大きく変わってきたように思う。「計画停電」。本当に電力は不足しているのだろうか。コンピュータが生活や仕事に深く関わり、豊かになった反面、実は脆弱になっていたことに気づいた。必要のない浪費をさせられていることにも気づいた。東日本大震災での未曽有の大規模地震、そして起きた巨大な津波。日本中があらためて地震への備えについて身をもって考えさせられた。この膨大な犠牲と損失を無駄にしてはならない。これは日本国民全体の強い思いだろう。だからこそ、いまだかつてないほどのボランティアが東北を訪れた。何かが私たちの心根を揺り動かしている。

そしてもう一つ大きなショックを与えられたのが、福島第一原発のメルトダウン事故だ。取り返しのつかない、何世代にもわたる深刻な事態。そしてこの原発事故に対して、日本政府と原子力・安全保安院は何も対処することができなかったといっていいだろう。なぜそんな処理することもできないものをつくってしまったのだろう。私たちはいま、日々この現実と向き合って生活をしなければならない。

そうしたなかで、右往左往する日本政府に対して、まるで迫るように、たたみ込むように米国と米軍が行動を起こしていた。いわゆる「トモダチ作戦」だ。冷戦は一九九一年に終了したが、アメリカはまだ核戦争を「闘っている」。とくに二〇〇一年の九・一一以来、その対応、危機管理体制は世界でも群を抜いている。すでにそのマニュアルは国防脅威削減局DTRAを中心に作っていた。今回の「トモダチ作戦」は、そうした危機管理マニュアルを実践に移した稀なケースとなった。しかも原発事故・核危機が絡んでいる。

「トモダチ作戦」は二つの側面を持っている。一つは、当然のことながら災害に対する人道支援だ。そしていま一つは、アメリカが地球的規模で「脅威」としているものの一つである核施設・原子力発電所の事故に対する対応だ。この二つのことの受け止め方は、日本とアメリカではかなりの温度差がある。

二〇一一年三月一一日以来、私たち日本人が大地震と巨大津波に釘付けにされている間に、陸海空海兵の米四軍の放射線部隊が日本国内に大規模に展開し、各地の放射能や放射線の測定を行っていた事実は、まったく日本人には知らされていない。今回の「トモダチ作戦」を通じて、そうした危機管理の米政府部局の実体、軍部隊の存在も初めて明るみに出るものも少なくない。また、そうした部門と日本政府との不透明な関係や主権に関わる問題も随所にみられる。本書で紹介した事実はそうした「トモダチ作戦」の実体の、そのまだまだ一部でしかないだろう。読者のみなさんにこの事実を知っていただきたい。

石井康敬

もくじ●フクシマは核戦争の訓練場にされた——東日本大震災「トモダチ作戦」の真実と5年後のいま

第一部

「トモダチ作戦」の事実経過

1　続く「トモダチ作戦」――統合支援部隊ＪＳＦの二つの任務

二〇一一年三月一一日、巨大地震・津波・原発事故――それは、日本と世界にとって衝撃的な災害・事件・事故だった。この被災はまだ続いており、とてつもない長期間が予想される復興は日本だけでなく、国際的な課題と教訓を汲み取ることが求められる。しかし一方で、国民や被災者に基本的なデータや情報、何がいま起こっているのかの事実が伝えられないということが起きている。

被災は続き、復興は見通しが立たないなかで菅政権は退陣。「米国直結」といわれた野田政権は、さっそく政治主導で陸自の南スーダン派遣を性急に進め、武器輸出三原則の緩和、沖縄普天間基地問題を沖縄県民無視の環境アセスという行政手続き上の問題にすり替えようと、日米合意最優先の姿勢を示し、続く自民安倍政権も、なお一層右寄りで、軍事予算はすべて復活した。もちろん、みずから進めてきた原発政策への反省もない。

日米間の軍の動きも同様だ。この間の「トモダチ作戦」で日米の軍相互の関係は深まり、ミリ・ミリ間（軍事部門同士）の交流と一体化が進んだといわれる。その影で国民に知らされない、放射線専門部隊が日本国内を自由に行動しデータ収集してきた。「トモダチ作戦」は二〇一一年六月三一日で終了したはずだが、そこは〃したたか〃な米軍。引き続く「影」の「トモダチ作戦」、その後を追ってみる。

報道の統制

原発の安全管理や政府の情報提供の姿勢は信じられない、このまま首都圏で子どもは安心して暮らしていけるのだろうか。国民のなかにあるそんな素朴な不安や疑問は当然のことだ。三月一一日以来、マスコミの報道と国民の受け止め方が変わってきた。三月一二日、福島第一原発での事故で、諸外国の報道は「メルトダウン」と明確に言ってきた。しかし、日本のマスコミは、一度は出したものの、すぐに自主的に引っ込めてしまう。事故後の数週間は枝野幸男官房長官（当時）と東京電力、原子力・安全保安院の発表一色になる。そうしている間に事態は刻々と悪化し、住民や子どもの有効な避難・防護はされないままに半年が経過してしまった。やっと八月下旬に福島県が子どもの甲状腺検査を行うことを発表。その後、九月にやっと国が動いた。中間段階の調査だが、被験者のうち一～三割に異常値がでたという。

東京都の水道水に放射能が検知されたのが三月二二日。すでに在日米軍では三月二一日にヨード剤配布を決定し、同二六日以降配布している。こうしたことをはじめ、放射線専門家部隊が続々と来日してどのような活動をしたのかはいっさい報道されなかった。報道の自主規制がはたらいたのか定かではない。

それだけではない。自衛隊専門紙「朝雲」は二〇一一年七月、「ＪＴＦ　闘い抜いた一一〇日間」という記事のなかで自衛隊ＪＴＦ広報室の活動を誇らしく報道している。

自衛隊ＪＴＦ司令部広報室は、仙台駐屯地に殺到するマスコミを一手に引き受け、多数のマスコミ記者に対応し、七月まで毎朝「記者レク」を開いて自衛隊の活動を広報。ＪＴＦ指揮官の記者会見も設定したという。さらに現場取材を望む記者に対しては、取材機会をセッティングしたともいう（ＪＴＦとは自衛隊の「災統合任務部隊——東北」の英語略記）。

「トモダチ作戦」は、非常事態時での報道の窓口を一本化し、事実上自衛隊なしでは報道できず、とくに米軍と自衛隊の活動についてはきわめて一面的な報道しかできない。そうした状況をつくりだすことに成功したといえるだろう。事実上の現代版「大本営発表」だ。発表しながら、取材をさせながら、報道を統制下に置く。実にアメリカ的なやり方だ。興味深いことに今回発動されたアメリカの「海外における危機管理（フォーリン・コンセクエンス・マネイジメント　ＦＣＭ）」でも、初動での状況確認、そして部隊の派遣と態勢の確立の後、こうした報道の統制は重要視されている。

統合支援部隊（ＪＳＦ）の二つの任務

米軍の統合支援部隊（ＪＳＦ）のホームページには、その任務として「米軍部はこの災害に関連した二つの斬新な作戦行動を、日本政府と自衛隊を最大限可能な限り助けることに焦点をあてて取り組む。その二つの作戦行動とは、「トモダチ作戦」の一環として、人道支援と災害支援であり、また日本政府の要請にもとづいて福島第一原発に関連した事故の綿密なモニタリングである」と明記しているように、最初から人道支援・災害支援と事故のモニタリングは「トモダチ作戦」の重要な柱だった。

一切報道されない米軍部隊の「放射線モニタリング」なぜ？

しかし、統合支援部隊（ＪＳＦ）の米軍核専門部隊の放射線のモニタリングなどはいっさい報道されなかった。これほど明確に「任務」として公言しているのに、部隊名はもちろん、その存在と活動の実態はまったく知らされなかった。民間の原子力発電所の事故とはいえ、その影響は一九八六年のチェルノブイリ事故でも明確なように、当該国一国にとどまらず、周辺各国と全地球的規模での汚染を引き起こしてしまう。そうした意味では国連などの正式な国際機関との連携と協議が必要なことだが、その一方で、事故の調査をしたり、データ収集をすることは、その当該国の主権に関わる問題であり、当該国の承認のもとでなければ、勝手に活動することははばかられることだ。

私たちが知らされているのは、米軍の、また米エネルギー省の無人偵察機「グローバルホーク」が正式には三月二二日から、実際には三月一三日、東北沖太平洋上に飛来しているのが確認されている。またそれ以外には、米ハネウエル社の軍事用無人偵察ヘリ「Ｔ－ホークス」が六月二四日に原子炉建屋に墜落。

また、軍事用偵察ロボットが原子炉中心部に入っていたことなどが報道されているが、オバマ大統領（当時）と管直人首相（当時）の事実上「合意」ができたと考えられる三月一七日前に、米軍と米原子力規制委員会（ＮＲＣ）、米エネルギー省（ＤＯＥ）、米国防脅威削減局（ＤＴＲＡ）の要員が来日し、米航空機による放射線の測定を開始している。そして三月一六日にはネバダの「核即応チーム」三三人が横田に大量の機材とともに到着し、先に到着していた米エネルギー省DOE職員と合流、各地での放射線量の測定を開始している。その後、こうした放射線量と放射能の測定は陸・海・空・海兵の全軍が連携して各地で計画的に行われた【写真1】。一九八六年のチェルノブイリではできなかったことだ。

いったい何が報道されて、何が報道されなかったのか。今回の福島第一原発事故での政府の対応に、国民は不信感をいだいた。いま現実に何が起こっているのか。

日本に展開する在日米軍の行動の事実を見ることを通じて、私たちはいま一度、国民と被害者・被災者の目線に立った報道のあり方、そして誤情報や誘導に惑わされない情報判断をする力をどう養うのか。注意深く見守らねばならない。

［写真1］横田基地内で大気中の放射能を計測する米空軍（USAF） 2011年3月15日〔出典：米空軍〕

2　そのとき駐日米大使は――「トモダチ作戦」ドキュメント

三月一一日地震の当日、ルース駐日米大使（当時）は東京の大使館でその時を迎えた。その後、大使は二ヵ所に連絡をとった。ワシントンの米大統領とフィールド在日米軍司令官（当時）だ。震災後、その大津波被害の様子が明らかにされ始めてきた午後五時ごろ（ワシントン時で午前四時）のこと。在日米軍司令官は横田基地に司令部を置く第五空軍司令官と同一人物。朝鮮半島と日本に責任を持つ部署であるから、当然のことといえる。

しかし、このとき東京電力福島第一原発で大変なことが起きていた。その情報をいち早く入手した米国は、三月一三日までに米原子力規制委員会（NRC）と米エネルギー省（DOE）、国防脅威削減局（DTRA）の各政府機関の専門職員六人を日本に送り込んだ。もちろん、核施設の潜在的危険性を計測するためだ。同時に三月一三日、海軍予備役第一〇五分遣隊がこれに合流して放射能危機管理チーム（RCMT）をつくった。そして一四〜一五日の二日間で、エネルギー省とともに航空機による放射線等のデータ収集を行った。この収集されたデータにもとづいて専門家たちは事故原発からの「放射能の風向き拡散モデル」（plume model）を作成して、フィールド在日米軍司令官に資料提供を行った。この作成に一七日までの二日間かかった。そして三月一八日にこの専門家との長時間の会議がもたれ、その後の作戦立案が行われたようだ。

ミリ・ミリの常態化へ

それまでに事態は深刻化し、三月一二日と一四日に原子炉の水素爆発が発生。メルトダウンが起こっていた。そして一五日には、この放射性降下物が南関東地域に流れていった。この時、横須賀の原子力空母ジョージ・ワシントンの埠頭で放射線の高い値が計測され、横須賀基地では外出を控えるように指示を出した。あれよあれよという間に放射線をめぐる事態は悪化していった。フィールド在日米軍司令官も長時間会議をもつ一八日まで、原発から八〇キロ圏内の米国人退避勧告（一七日）、東京や神奈川の基地での米軍家族や民間人の自主避難（一八日開始）、さらには第五空母航空団のグアム退避（一七日）、空母ジョージ・ワシントンの洋上への退避（二一日）などをしなければならない事態になるとは考えていなかったようだ（米軍「星条旗」紙二〇一二年六月六日）。

それまでの間、日米の政府間の関係はギクシャクしていたようで、事故からやっと六日ほど経った一七日に菅首相とオバマ大統領が電話会談で「支援」を約束。そして事前に太平洋軍から自衛隊を通じて首相官邸に「支援リスト」が提示されていた。この段階ですでに、政府間合意に先行して日米両軍で打ち合わせや了解事項を話し合うことが行われていたことになる。いわゆる「ミリ・ミリ（軍事部門同士）」のやりとりの常態化だ。

震災発生後二週間で政府間と軍事部門の体制が

形式的にはこの三月一七日の日米首脳の「合意」を受けて、ウォルシュ太平洋軍司令官（当時）が一九日にハワイから九〇人の要員とともに横田に到着する。ここから日米間の動きは活発化する。一七日、米軍核専門要員九名を日本に派遣。同日、北沢防衛相と米原子力規制委員会（NRC）幹部が会談。同じ日に太平洋軍司令官が日本に統合支援部隊（JSF）司令官として赴くことが決まり、取材を受ける。二一日、太平洋軍司令官と自衛隊統合幕僚会議議長会談。そして二二日に日米連携チームの初会合が開かれた。

この日米連携チームの正式名称は「福島第一原発の事故の対応に関する日米協議」。東日本大震災の支援に関するものではなく、「原発事故」の日米協議だ。震災発生当初から、米国が福島原発事故に重大な関心を寄せていることがうかがえる。

二四日、これらを受けて実動部隊としての統合支援部隊（JSF）が横田に太平洋軍司令官のもとに置かれた。この段階で、政府間と実動部隊としての軍事部門の「日米連携」の体制が確立したことになる。さらに注目すべきは、横田にはこの三月に朝鮮有事・日本有事の際に使用される「日米共同統合運用調整所」が完成したことだ。この「統合運用調整所」では、米軍幹部と自衛隊幹部がまさに肩と肩を並べて阿吽の呼吸で意思疎通ができることが求められるもの。図らずも約四ヵ月間の長期にわたって、そのことが実現できたことになる。

■海外における危機管理（FCM）とは

それにしても、米政府と米軍の活動は震災当日から始まり、それに対して日本政府は後手にまわり、米政府に押し切られるようにしてものごとが動いていた。日本政府から米国政府に対する正式な支援要請はあいまいで、一七日午前一〇時二二分の管首相とオバマ大統領との電話会談であった。それまでの両国政府のギクシャクした関係は、そのいくつかが報道されている。たとえば、温厚な米大使が「激怒」したとか、「米政府首脳」の発言として「日本政府がこのまま原発事故の対策をとらずにいるなら、米国人を強制退避させる可能性がある」ということを首相官邸に秘密裏に報告していたとかいったことである。その一方で、震災当日から米側は「首相官邸に米国のスタッフを常駐させてほしい」と要求。事実、米政府関係者が首相官邸に一時期「常駐」したことを政府も国会答弁で認めている。こうした関係を改善するために、一六日に日米間の調整役を北澤俊美防衛相（当時）に一任し、これまで述べた日米のやりとりが一挙に進展する。

では、なぜ米国はこのように早い対応が実現できているのか。それは「海外における危機管理（フォーリン・コンセクエンス・マネイジメント：FCM）」という、非常事態の様々な段階における対処のシナリオが一九九八年ころから研究され、訓練されてきていることが、この間の事実からわかった。米国は第二次世界大戦からずっと戦争をし続けている国。さらに六〇年以上も核戦争を想定して国家体制をつくってきた。ソ連崩壊後も「麻薬とテロとのたたかい」をその中心的戦略としている。とくに九・一一以後、それは現実のものとして想定と研究、演習と訓練を積み重ねている国だ。そのなかにこの「海外における危機管理（FCM）」があり、今回これが発動された。自国だけでなく、米国の主権の届かない海外をも「危機管理」することが必要だということだ。つまり、世界中どこでも米国とその同盟国等に対するテロ行為は許さないという強い姿勢だ。

最大の関心事は原発事故

米統合参謀本部議長指示書（CJCSI三二一四）によると、「周到に計画されたあるいは偶発的な化学・生物・放射能・核兵器あるいは核施設（CBRN）の事故」への対応として米国政府が実施するもので、その指導的省庁（LA）は国務省（DOS）。今回の場合は駐日大使。そして実動部隊が軍となる。今回の場合、福島第一原発の「偶発的な核施設の事故」で、これらの化学・生物・放射能・核兵器あるいは核施設（CBRN）の、とくに核兵器や核テロの材料となる核物質の拡散を防ぎ、その被害を最小限に抑えることが最大の目的で、他に流出しないように核物質を量的にも把握し、安全な管理下に置くことが重要になる。

この「海外における危機管理（FCM）」のシナリオ作成には、米国で最も新しい省庁である国防脅威削減局（DTRA）が中心的に関わっており、これは横田にも事務所を置いている。これによると法的根拠は二つ、すなわち国際的災害援助と軍による人道支援である。このことは二〇〇四年のインドネシア・ジャワ島沖地震と津波のときに、米軍は医療船を出動させ、社会資本や医療施設の少ない地域に直接医療支援と援助物資の支援を行い、大変歓迎された。このことから、とくにアメリカの直接的影響力の小さいアジア地域での米国と米軍の信頼獲得の方法として重要視されている。

なぜ太平洋軍司令官なのか

先にみたように、災害発生当初から米国の関心は「原発事故」に集中していた。核戦争や化学兵器の攻撃を受けた場合、一刻の猶予もなく状況を把握し、確実な行動ができることが求められる。そのためには様々な想定をして、あらかじめ行動を決めておく必要がある。

政府機関は国務省（DOS）と各国の大使館。実動は国防総省（DOD）だが、管轄する地域の中央軍とか欧州軍、太平洋軍などの統合軍司令部となる。したがって、今回は在日米軍司令官がいるにもかかわらず、統合軍司令官である太平洋軍司令官がその任にあたったわけだ。しかし状況を把握しなければ、何をどのような規模と場所に、どういう時間で展開させるべきかが計算できない。そこで、①米国に対する支援要請の判定、②必要な特殊支援と関連する政府機関・省庁の同定、③即応部隊および組織が必要とする最初の手引きを作成するために、事件（災害）発生後四〜六時間にこれらのことを行わなければならないので、三〇分以内にこうした情報を収集するための専門家の支援チームの展開を決定し、四時間後には航空機で飛び立っているようにする。また、危機管理支援チーム（CMST）はさらに数時間を必要とするが、同様に一〇時間程度で派遣できるようにあらかじめ準備されているという。

原発事故発生二日後までに専門家来日

三月一三日までに米原子力規制委員会（NRC）と米エネルギー省（DOE）、国防脅威削減局（DTRA）の専門家六人が来日している。この六人が核となって米大使館と米軍に収集された情報提供とアセスメント、計画立案が行われていくことになる。三月一六日には核の専門家部隊であるネバダの核即応チームの軍人・民間人三三人が、放射能測定機器などとともに航空機で来日。先の六人と合流し、赤坂の米大使館と横田基地を核として各地の放射線や放射能の測定、探知、サンプル採集活動などを本格的に開始した。そのなかには米エネルギー省（DOE）から非常事態対応の専門家と日本語に堪能な原子力技術者がいたという。ネバダといえば、あの広島・長崎型原爆の初の実験場となったところであり、その後も米国の核兵器の実験場として有名なところであり、そこにある専門家部隊の核即応チームだ。この核即応チームは米エネルギー省（DOE）の管理下にある国家核安全保障局（NNSA）のことだ。

線量計を座間で配布・全データを米本国に保管

こうした本格的なデータ収集活動に合わせるように、米本国で陸軍の放射線量測定センター（ADC）が支援を開始する。この部署は、米本国にあって最も早くに支援体制をつくった部門。同センターは航空・ミサイル軍団の試験測定・徴候診断装備活動に属し、世界中で使用されている個人携帯用の放射線量計（ドジメーター）の線量記録を集め、記録し保管するところ。一九五四年以来、約一二〇〇万の記録を保管しているという。同センターは二〇〇〇個の放射線量計と線量計読取機（リーダー）をキャンプ座間の陸軍公衆衛生軍団（APHC）に送った。三月当時、ドイツと韓国に放射線量測定サテライト研究所を立ち上げる予定だったが、急遽日本に二〇〇〇個の線量計とともに読取機（リーダー）を移送した。キャンプ座間の陸軍診療所では、ウォーム・ゾーン（一二五マイル・二〇一キロ以内）またはホット・ゾーン（五〇マイル・八〇キロ以内）に入るすべての国防省関係者（軍人および民間技術者など）がこの放射線量計の装着手続きをすることになっていた。この線量計を装着した者は、被曝線量が規定を超えたならば、その線量計を本国の放射線量計測センター（ADC）に送らなければならず、再度その汚染地域に入ることは許されていないという。ちなみに二〇〇〇個の線量計は、二〇一一年一二月までにアフガン・イラク・クエートに送る予定であったものので、パナソニック製だ（TLDドジメーター）。

世界でたった三六人しかいないAFRAT

空軍放射能影響評価（アセスメント）チーム（AFRAT）は、世界で三六人しかいない特殊な専門教育を受けた部隊である。全部で七チームあり、一チーム当たり二～九名で構成されている高度な専門知識と技術、そして判断を必要とされることから、高級将校が多いのもこの部隊の特徴だ。この部隊は核と放射線の脅威に対して必要な人材と装備で全精力を注ぐことが求められており、放射線と核の事故・事件に迅速で全地球的な対応をする。その主な任務は、非常事態計画立案・危機管理（CM）・放射能と核物質の拡散防止・作戦の維持と復旧に関して放射線リスクの環境影響評価（アセスメント）を現場に持ち込むこととされている。

つまり、このアセスメントの提供を受けて司令部が作戦を決定することになる重要な部隊だ。三月一七日に米軍核専門要員九名が派遣されているが、この部隊ではないかと考えられる。その後、横田基地内に特殊なテントを張って拠点とし、四月五日には仙台空港での資料のサンプリングも実施している［写真2、写真3］。

派手な海兵隊CBIRF その陰に陸軍研究所と海兵CBRNユニット

日米合意のなかで、三月三一日海兵隊の化学・生物事故即応部隊（CBIRF）一五五名が日本

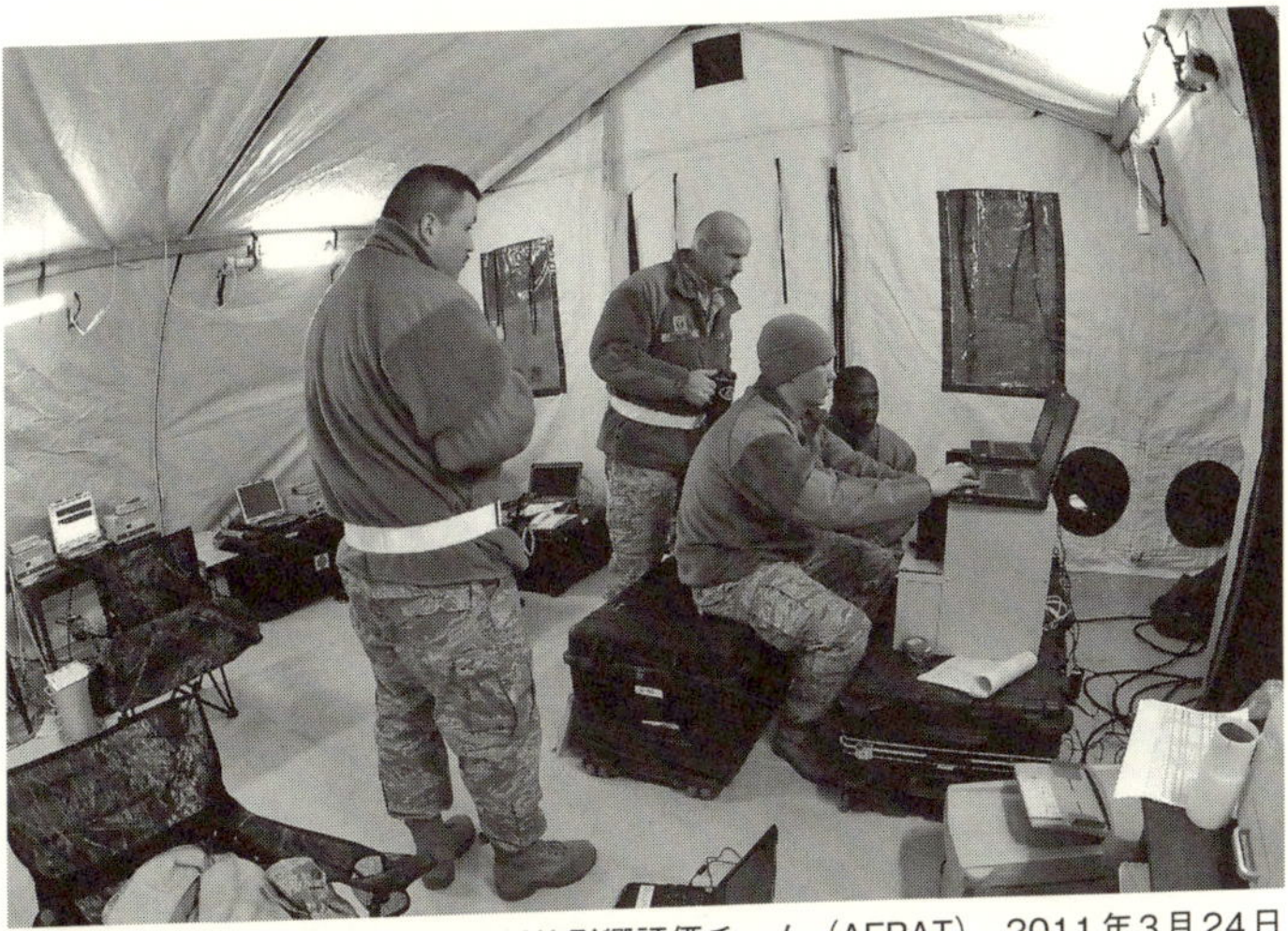

［写真2］横田で活動する空軍放射能影響評価チーム（AFRAT）　2011年3月24日
〔出典：米空軍〕

［写真3］仙台空港でサンプリング中のAFRAC　2011年4月5日〔出典：米空軍〕

に派遣されることが発表された。大統領警護も担当する大規模な特殊部隊なので、マスコミも注目した。横田に四月三日に本隊が到着すると、さっそく陸上自衛隊中央特殊武器防護隊（中特防・大宮）に訓練を公開し交流する。その人数と装備、錬度は他を圧倒するものがある［写真4］。しかし、公開されている訓練風景は核事故に対応する特殊なものではなく、通常のレンジャーでの車内からの救出や特殊なテントでの除染作業など、一般的なものばかりだった。むしろ自衛隊の中特防にとってよい訓練になったというものだった。結局さしたる行動はなく、四月二三日に日米の軍首脳への日米共同展示訓練の後、本国に撤収する。

しかし、この派手な化学・生物事故即応部隊（CBIRF）の陰で、もっと大規模な部隊が組織され、あるいは来日していた。

化学・生物事故即応部隊（CBIRF）の来日直

後の五日、厚木基地を拠点として第Ⅲ海兵遠征軍化学・生物・放射能・核兵器（ＣＢＲＮ）ユニット三〇〇名以上が、ＣＢＩＲＦ一五五名と合同して危機管理支援部隊（ＣＭＳＦ）を結成。なんと総勢四五〇人以上になる、今回の米軍の放射能核関連部隊では最大規模のものだ。この危機管理支援部隊（ＣＭＳＦ）の活動は不明だが、最前線に展開する海兵隊が三〇〇人もの化学・生物・放射能・核兵器（ＣＢＲＮ）チームを持っているということは大変な規模であり、最前線での汚染の探知が主な任務であることは想像ができる。

またその一方で、三月三〇日には陸軍第九戦域医療研究所（ＡＭＬ）の兵員一九人が日本に派遣された。この部隊は、世界中どこにでも展開する高度に訓練された兵員による機動研究所（実験施設・ラボ）である。化学・生物・放射能・核兵器（ＣＢＲＮ）の汚染区域や爆心地域でそれらの物質の探知や分析試験を行い、その環境や就業、伝染性の健康・安全影響評価（アセスメント）を行う。四月一六日には、横田の水道水の検査を実施。先の空軍放射能影響評価チーム（ＡＦＲＡＴ）とともに活動し、大気・水・土壌のサンプルを採集、放射能の探知とモニタリングを行った。

この部隊で重要なのは、ホット・ゾーンやウォーム・ゾーンでの兵員や職員の就業の安全と健康に関して、安全と警告、指導を行うこと。主なメンバーは横田の統合支援部隊ＪＳＦの公衆衛生部に勤務し、他はキャンプ座間の陸軍公衆衛生軍団（ＡＰＨＣ）とともに食品の放射能検査などの支援をした。

展開型統合指揮管制システム（DJC2）の初めての配備

以上のように、陸海空海兵の四軍の放射能・核部隊が少なくとも五〇〇人以上の規模で横田・厚木・座間・東京米大使館を核に東日本各地に展開した。いずれも三月二四日の太平洋軍司令官のもとでの統合支援部隊（JSF）の横田での設置を受けて、四月初旬には展開が完了している。これとほぼ同時に、統合通信支援エレメント（JCSE）という統合部隊が米本国から展開型統合指揮管制システム（DJC2）という通信システムを横田に空輸する。この

［写真4］横田での化学・生物事故即応部隊（CBIRF）2011年4月6日〔出典：米空軍〕

［写真5］横田基地の統合通信支援エレメント（JCSE）の展開型統合指揮管制システム（DJC2）のテント　2011年4月1日〔出典：米空軍〕

ＪＣＳＥという部隊も特殊なもので、陸海空海兵の四軍の兵員が混在している。横田には四月一日に二チーム三六名が来ている。到着までに迎える準備として、横田では現地通信部隊により急ピッチで光通信ケーブルが張りめぐらされた。展開型統合指揮管制システム（ＤＪＣ２）の通信機材一式とＪＣＳＥ部隊を航空機で空輸し現地に到着すると、七二時間以内に機器をセットアップし、運用できるようにする野戦型の通信支援部隊だ［写真5］。このとき米国は、世界の三ヵ所で戦争状態にあった。アフガンとリビア、そして日本の「トモダチ作戦」だ。もちろん、この種の部隊の日本への展開は初めてである。それぞれの最前線司令部でコンピュータを使ったネットワーク、ビデオなどの通信網の構築と支援、保守が任務になる。当然ながら横田の統合支援部隊（ＪＳＦ）は、この通信支援システムなしには十分には機能しない。現在の戦争では、こうしたコンピュータでのネットワークと位置情報、そしてビデオ回線の確保が欠かせないものになっている。

放射能・核データの収集が重要課題

本来なら太平洋軍司令官が赴任した三月二四日には整っていなければならない通信支援が、配備されたのは四月一日、確立したのは四月三日だった。これは海兵隊のCBIRFの到着とちょうど一致する。そしてこの時期に、すべての放射能・核部隊が配備についた。

しかしその一方で、四月六日には空母レーガンや強襲揚陸艦エセックスなど、海軍と海兵隊の艦艇、主力部隊は撤収をする。人命の救助、支援物資の輸送などの人道支援は一段落したことになる。そして太平洋軍司令官は、一週間後の四月一二日にはハワイに戻った。通信支援が確立してわずか三日で主力部隊の撤収、一週間で司令官の後方移動では、何のための通信支援なのか。先にみたように、統合任務軍など危機管理（CM）の軍の行動は予定されたものだ。決して事情があって遅れたわけではないだろう。四月上旬からが統合支援部隊（JSF）の作戦行動の重点であったと考えるのが妥当だ。

もう一度、この「海外における危機管理（FCM）」の目的に立ち戻ってみよう。「CBRNの、特に核兵器や核テロの材料となる核物質の拡散を防ぎ、その被害を最小限に抑えることが最大の目的で、他に流出しないように核物質を量的にも把握し、安全な管理下に置くこと」、もちろん人道支援も重要だ。この化学・生物・放射能・核兵器（CBRN）に関しては、専門的な教育を受けた部隊の展開と領土・領海もない自由な行動が保障されること。また、集めたデータを収集し分析し、継続的なモニタリングを実施、そしてそれらのデータをインターネットで本国に集中することで、過去のデータと照らし合わせて威力を発揮し、所期の目的に貢献でき達成できるものと考えられる。まさに米国は今回の福島第一原発事故とその一連の事故処理のなかで、これらのデータ収集を自由に行うことができた。しかも独占的に。チェルノブイリ事故での情報のなさに比較すると、今回の福島第一原発事故での一連の活動は、貴重な経験とデータの蓄積になったことは疑いない。

残されたものは

地震発生時から、米軍では日本の首都圏に勤務する軍人と民間人に、放射線量の高い環境下での労働に対して「危険手当」を支払っていた。米軍は二〇一一年五月一日付でこの「危険手当」を解除。そして五月上旬に放射線・核専門部隊は大部分が日本から撤収をする。

四月二六日、日本の藤崎一郎駐米大使（当時）が米国の国防脅威削減局（ＤＴＲＡ）を訪問し、「トモダチ作戦」での貢献に謝意を示し、慰労する。今回の「トモダチ作戦」での国防脅威削減局（ＤＴＲＡ）の存在の大きさと重要性が表れている。続いて四月三〇日には日米外相会談が行われ、「トモダチ作戦」も山場の終了を迎える。

統合支援部隊（ＪＳＦ）はその後も活動を続けている。フィールド在日米軍司令官（当時）によると、二〇一一年六月一一日付の「星条旗」紙のインタビューに対し、「在日米軍は現在、この間の教訓を研究する過程にある」と語っている。米国はこの間の活動を通じて様々な教訓を汲み取っている。

日本人のなかに米軍の存在が身近になり、親しみが持たれるようになってきた、確実に防衛相が日米の仲介役となり、その影響力を強めてきた、日米のミリ・ミリの関係、軍相互の関係が濃厚かつ親密になってきたなど、多くの教訓が挙げられるのだろうが、その多くが末端の兵員の良心にもとづく行動の成果であることは間違いない。しかし、語られないしたたかな側面が、いままで見てきた「海外における危機管理（ＦＣＭ）」にもとづく軍の行動であり、とくに放射能・核専門部隊が各地で収集したデータだ。いま、食品のセシウムなどの放射能汚染が問題になっている。また、各地で放射線が自主的に測定され、思わぬところで農作物等への被害を出している。水道水や下水道処理汚泥の放射能汚染も深刻だ。こうしたことは、実は早い段階で予測できたものであるし、米国はいち早くそれに対処して自国民を自主避難させたり、ヨード剤の配布などを行っている。世界で最も被曝の情報を持っている国として情報を独占するのではなく、共有のあり方、提供の仕方が問われてくるのではないだろうか。

先の広島・長崎の原爆投下で、米国は多くの被曝情報を得て、しかも軍事占領下で被爆者の健康維持の目的ではなく、被爆者の人権を無視して被曝データの収集を広島の米放射線影響研究所（旧原爆障害調査委員会ＡＢＣＣ）で独占的に行ってきたことは有名だ。いままた、同様のことが行われているとしかいいようがない。

六月三〇日、北沢防衛相は米軍横田基地を訪れ、統合支援部隊（ＪＳＦ）幹部たちに謝意を述べた〔写真6〕。これを受けて統合支援部隊（ＪＳＦ）は、六月三一日にその任務を終えた。そして七月一日、自衛隊の災統合任務部隊‐東北（ＪＴＦ‐ＴＨ）がその任務を解除された。しかし、東北・関東の被災と原発事故はまだ続いている。

3 消えない放射能不安

「トモダチ作戦」は二〇一一年六月三〇日をもって解散したが、いくつかの節目があった。三月一一日に発生以来、緊急時の救難・災害支援は四月六日で主要艦艇・部隊の撤収をもって第一段階を終了。続いて三月三一日からの海兵隊化学・生物事故即応部隊（ＣＢＩＲＦ）一五五人の日本派遣を一つの結節点として、陸海空海兵四軍の放射線専門部隊の展開とモニタリングが五月上旬まで約六週間続く。これが第二段階。続いて五月、六月の研究と分析・教訓化段階の第三段階と考え

[写真6] 統合支援部隊（JSF）に謝意を述べる北沢防衛相（当時） 2011年6月30日
〔出典：統合支援部隊〕

ることができる。ところが、七月に入って新たな動きが発生する。「トモダチ作戦」はこれで終わりではなかった。

体内被曝線量測定スクリーニングを促す基地内掲示

二〇一一年七月、横須賀や厚木・横浜などの米軍基地内に以下のようなタウンホール・ミーティングの広報が掲示された。

「……福島第一原発での事故の後日本での生活での長引く不安を解消するために、太平洋軍は全軍人とその家族に一回の体内放射線モニタリング・スクリーニングを受ける機会を設けることにした。スクリーニングは必要ではないし、命令でもない。心の平安を得るためである。……」

太平洋軍軍医司令官マイケル・ミッテルマン少将（当時）を中心とする一行は、七月二〇日に横田と座間で、二一日に横須賀でタウンホール・ミーティングを行った。この一行にはミッテルマン太平洋軍軍医司令官をはじめ、陸軍公衆衛生軍団太平洋区域司令官（座間）、陸軍獣医軍団日本地区司令官（座間）、軍放射線生物学研究所（ＡＦＲＲＩ）所長、同科学調査部長、同医療放射線生物学助言チーム長、保健物理学者、太平洋軍核問題特別助手（海軍大佐、米海軍と日本政府・東電との連絡将校）などの太平洋軍と陸・海・空・海兵の四軍の医療部門と放射線部門のそうそうたるメンバーと責任者だ。

このタウンホール・ミーティング。米軍ではよく行われている行事だ。三月にウォルシュ太平洋軍司令官が統合支援部隊（ＪＳＦ）を立ち上げるために来日した時にも、同司令官と夫人が横須賀で行った。司令官や海軍長官など高級官吏や軍責任者が直接兵士やその家族に説明や対話をし、意思疎通を図る行事らしい。この対話で物事が決まったり、中止になったりすることもない。しかし、さすがは民主主義の国で、話し合いや家族を大事にする姿勢を示している。日本では問題が発生しない限りこのようなことは行わないし、どこかの県と電力会社のように、〝やらせ〟などということも聞かない。

■帰らない兵員・家族

この七月二〇・二一日のタウンホール・ミーティングでまずミッテルマン軍医司令官が強調したのは、福島第一原発事故での横田・座間・横須賀の安全性だった。心配はいらない、ということだ。しかし、わざわざ来日してその放射能に対する不安を取り除くことに懸命になっているのは、軍内部に不安が存在することの裏返しでもある。

現実に三月一五日には、横須賀基地内の空母ジョージ・ワシントンの係留されている一二号バースで高い放射線量を測定し、これを受けて以後、横須賀基地内は外出が制限され、エアコンの使用が制限された。また、厚木基地では婦女子退避の大統領命令を放送した。厚木基地の第五空母航空団はグアムに退避。空母ジョージ・ワシントンはあわてて横須賀を出港。さっそく甲板を除染し、ピュージェット・サウンドとノーフォークの作業員を載せたまま放射線被害のない洋上で定期修理を行い、横須賀への帰港は一ヵ月後であった。自主避難が促され、約九七二〇人の家族が米本国などに避難した。さらに米軍「星条旗」紙によると、二〇一一年八月現在で海軍関係では兵員が充足せず、欠員がでているところもあるようだ。まだ自主避難から戻らない家族もいるという。陸軍や空軍では目立った不安はないが、海軍関係では〝放射能不安〟が消えていない。

原子炉を運用する海軍

米軍の陸・海・空・海兵全四軍のなかで、日常的に核を扱っているのは海軍だけだ。陸軍も空軍も核推進の航空機や戦車はない。海軍だけが日常的に原子炉を抱えている。原子力潜水艦と原子力空母だ。海軍では核兵器と核事故・原子炉事故に対する訓練と教育が行われている。事実、福島第一原発の空中放射線を検知したのは海軍のヘリコプターだった。その後も在日米軍司令部に放射性降下物と空中放射線量を海軍が主に報告し続けたという。放射能のあるなかで働き、日本で家族とともに生活している海軍が、放射能に対して最も敏感であり、最も情報と経験を持っているといっても過言ではない。

発動された「トモダチ記録計画」

放射能汚染に対する不安の軽減を目的に安心と安全を宣言に来るだけならば、太平洋軍関係者だけでよいはずだが、ここには軍放射線生物学研究所（ＡＦＲＲＩ）所長、同科学調査部長などの科学者・研究者の所長が参加していた。また、各基地に掲示された内容とも食い違っていた。軍人とその家族に内部被曝線量モニタリングを受けるように促しているのだ。被曝が疑われなければ、このような呼びかけは意味をなさないだろう。

そのときミッテルマン太平洋軍軍医司令官は、本州の各基地での放射線の安全性を伝えたが、同時にある計画を発表した。そのある計画とは「トモダチ・レジストリー・プロジェクト（トモダチ記録計画）」と呼ばれるものだ。これは米全軍が統合して運営する核・放射線専門機関である米軍放射線生物学研究所（ＡＦＲＲＩ）が主導して国防脅威削減局（ＤＴＲＡ）などの関係省庁の協力を得ながら実施するもので、国防副長官認定の計画である。

日本の基地で働き、生活する六万一〇〇〇人の米軍兵員の、福島第一原発事故発生以来のおおよその放射線被曝レベルを計算し、影響評価するという計画だ。各兵員が三月一一日から日本のどこにいて、どのくらいの時間を過ごしたのか。また、個々人がそれぞれの場所で受けた空気と水、土壌からの放射線を読み取り計算する。しかもそれらのデータは、個々の医療データ（医療記録）と照らし合わされる。そして日本から離れても追跡調査され、一六〜一八ヵ月後に再度検査を受けるという。これに加えて日本に在住していた家族の内部被曝線量も計るわけだから、大変な量の、しかもかなり正確なデータベースになる。とくにアメリカが強い関心を抱いているのは、低被曝線量下での長期間被曝の兵員や人体に与える疫学的影響であり、チェルノブイリでは得られなかったデータだ。

すでに二〇一一年七月中旬までに、約七七〇〇人の兵員が内部被曝の検査を受けているという。

「トモダチ作戦」に参加した兵員と民間人が約一万六〇〇〇人だから、作戦に参加した兵員だけでなく基地内勤務の兵員・従業員、また家族、基地外に居住する兵員のデータなどもこの対象になると考えられる。

4 「トモダチ作戦」の最大部隊、海軍海兵隊はどう行動したのか

これまで海軍と海兵隊の「トモダチ作戦」での動きはあまりよくわからなかった。空軍は空軍放射能影響評価チーム（AFRAT）約一五名以上がいち早く来日し、横田を拠点に横須賀、座間、小名浜、仙台などで活動していた。陸軍は座間と横田（統合支援部隊本部）を拠点に、第九戦域医療研究所（ラボ）一九名が派遣され、この部隊と座間の陸軍公衆衛生軍団、陸軍獣医軍団が放射能サンプルの分析などに従事し、本国の放射線量測定センター（ADC）がデータの収集と蓄積にあたっていた。一方、最も兵員の多かった海軍海兵隊は、四五〇人を超える大量の専門教育を受けた部隊を送り込んだという。いったい海軍海兵隊はどう行動したのか。

戦地の状況把握――線量計でのデータ収集

放射線を探知したら、必要なことはいろいろある。まず、その場所・位置と時間が大切だ。また、

放射線量の数値——何シーベルトか（米軍ではレムを使用）、時間当たり、また蓄積放射線量も必要だ。そしてヨウ素なのかセシウムかなど、核種を特定する必要がある。さらに放射性降下物（フォールアウト）かどうかも重要な問題だ。放射性降下物であるとすると、放射線源が点から面になるからだ。すると風向きを調べて、どのような範囲で放射線を検知したかが問題になる。そこで放射能汚染地域が指定されて、兵員や市民の立ち入りを制限しなければならなくなるからだ。

米海軍の場合には「放射線区域 Radiation Area」は、放射線源から三〇センチ以内で一時間に〇・〇五ミリシーベルト（mSv）以上の値が計測される区域とされている。その際に重要になるのが、土壌のサンプリングと分析だ。土壌や植物などから放射能が検出されれば、放射性降下が確認でき、放射能汚染分布地図を作成できることになる。そして放射性降下物の土壌や水への汚染は内部被曝へと結びつき、体内に放射能があるわけだから被曝は何倍も深刻になる。兵士も労働者であるから、規定以上の被曝は避けなければならないのは当然だ。

大ジョッキの茶色い溶液を飲む

そこで一番最初に必要なことが「戦地」の状況を把握すること、つまりこの場合では、現地に兵士を計画的に送り込み、そこでの行動と被曝線量を計測機でデータ収集することになる。今回米軍が実施したことは、まさにマニュアルどおりだったといえるだろう。携帯型放射線量計（ドジメーター）を最前線の兵士に持たせて、その区域のデータを収集することがそれだ。そのためにまず専門要員を送り込み、計画的な空気や水、土壌のサンプリングを行い、対象となる区域の汚染状況をおおまかに図面化することが必要だった。

在日米軍は当初、計測機器を十分に持っていなかったという。汚染源は福島第一原発と明確だったので、まず航空機やヘリコプターに計測機器を吊るして（吊るす器具に適当なものがなく、苦労したようだが）、事故現場上空から周辺の空中放射線量と放射性物質を被曝覚悟で計測したという。その後、米エネルギー省（DOE）が急遽、計測機器と専門要員をともなって横田に軍の輸送機でやってきた。これはおそらくネバダの核即応チーム（ニュークリア・レスポンス・チーム）三三人と思われる〔写真7〕。一行は三月一六日に横田へ到着した。

一方、空軍は三月一五日、沖縄の嘉手納基地から第一八航空技術中隊の生物環境技術部が急遽横田に出向き、空軍の電子携帯線量計（ドジメーター・EPD）

〔写真7〕ネバダ即応チーム（NNSA）がC-17に乗り込む　2011年3月13日米国空軍基地〔出典：米エネルギー省〕

のゼロ点調整をしている【写真8】。

その後、先の空軍放射能影響評価チーム（AFRAT）の兵士が、大ジョッキ大のポリ容器から二リットル以上の茶色い溶液を飲み交わしていた【写真9】。不思議なことをする。あとでわかったことだが、これはチェルノブイリ事故の教訓から、リンゴに含まれている化学物質（多糖類）が放射性セシウムCsを体外に排出する働きが知られているらしいが、その溶液を飲みほしていたのだ。セシウムCsの体内被曝を想定しての行為だった。つまり、このAFRAT部隊は、セシウムCsで体内被曝する可能性のあるところまで展開を覚悟していたということになる。

海軍海兵隊の専門将校――放射線衛生将校RHO

三月一四日、宮城県沖にいた空母レーガンに到着した航空機が放射線を探知して、急遽作戦行動を中止。空母は福島第一原発から二〇〇キロ圏外に退避。核戦争し

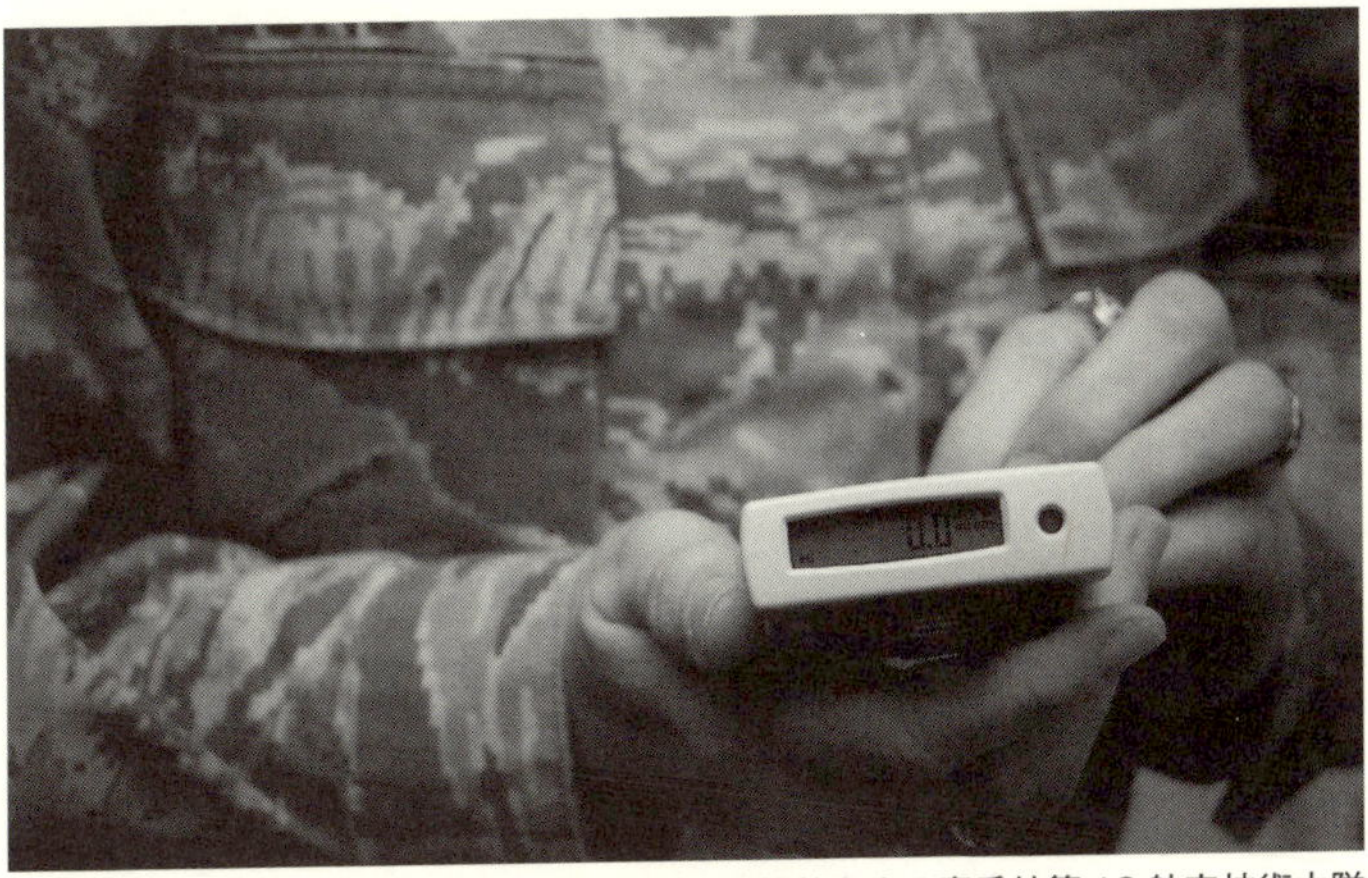

[写真8] 電子ドジメーター（EPD）のゼロ点調整をする嘉手納第18航空技術中隊兵士　2011年3月15日〔出典：米空軍〕

［写真9］黄色い液体を飲み干す空軍放射能影響評価チーム（AFRAT）兵士　2011年3月横田基地〔出典：空軍放射能影響評価チームFB〕

か想定していなかった現場の空母部隊は、福島の放射性降下物（フォールアウト）にどう対処すべきか〝混乱〟に陥っていたという。海軍はこれに対し、海軍医療サービス部隊（Navy Medical Service Corps）が対応してその専門性を発揮したという。その中心的な要員が放射線衛生将校（Radiation Health Officer（RHO））である。軍医であるとともに、放射線衛生学の専門知識と教育を受けた高級将校だ。

米海軍の放射線健康保全マニュアル（NAVMED P-五〇五五）によると、この放射線衛生将校（RHO）の役割は、放射線健康プログラムを計画、監督、執行するとされている。決定されれば、この放射線健康プログラムにもとづいて最前線の兵士が作戦を実行することになる。このRHOのもとに放射線衛生技師（RHT）がいる。私たち日本人の感覚では、これはちょうど放射線専門の、実際に計測を行う衛生兵に相当するようだ。

ハワイに放射線衛生専門部隊の中枢がつくられる

米太平洋軍（PACOM）では、三月一一日の震災後まもなく、太平洋軍の海軍軍医長が太平洋軍放射線衛生将校特別指導者から、放射能の風が及ぶ区域内の艦上や基地内で待機する海軍兵士や海兵隊員をどう支援するか、またこれに海軍放射線衛生将校（RHO）がいかに関わっていくことができるか説明を受けたという。その後四八時間以内に大部分の放射線衛生将校（RHO）には連絡がつき、太平洋軍のミッテルマン軍医司令官のもとに、ハワイのキャンプ・スミス内に太平洋軍統合放射線衛生作業群（PACOMJRHWG）が設けられた。ハワイのキャンプ・スミスは、太平洋軍司令部が置かれている基地だ。

この作業群（WG）では陸軍と空軍の放射線衛生専門部隊もともに働き、世界中の放射線衛生専門部隊の核として各部隊と意思疎通をするなかで機能した。このなかには海軍原子炉部門を代表する海軍放射線衛生将校（RHO）、陸軍・空軍の公衆衛生センター代表者、そして太平洋区域内のすべてのRHOが含まれていたという。そこでデータを収集し、共有し、分析して、ミッテルマン太平洋軍軍医司令官に助言を行い、在日米軍に指導と方針を勧告したという。

三月二四日、日本の横田基地内にウィラード太平洋軍司令官を長とする統合支援部隊（JSF）が編成されるが、そのJSFの傘下にミッテルマン太平洋軍軍医司令官を長とする太平洋軍統合放射線衛生作業群（PACOMJRHWG）がハワイに中枢を置いて情報を集中させ、作戦立案していたことになる。

米横須賀海軍病院が日本現地の核に

米海軍海兵隊の放射線専門部隊は五〇〇人近くにも及び、最大規模であった。三月一九日、秋田沖に強襲揚陸艦エセックスの第Ⅲ海兵遠征軍がやっと到着するが、すぐには活動を開始しなかった。その後太平洋に移動し、八戸の沖合でしばらく様子を見る。そして二七日に岩手県三陸海岸の大島に揚陸艇LSDを差し向けて支援に入る。三月二八日には、もっと南の仙台空港や石巻に瓦礫の片づけ支援に投入される。その後四月に入って、化学・生物・放射能および核物質（CBRN）専門チームを集結させて危機管理支援部隊（CMSF）を厚木基地で結成。本格的な活動に入った。

海軍は震災直後の三月一三日に空母レーガンが東北沖に到着。水や毛布などの支援物資の輸送をしていたが、四月六日には主な艦船は撤収してしまう。つまり、四月に入って救難支援が一段落してから放射線専門部隊の活動が本格化し、撤収する五月上旬まで続いた。それはどのようにして行われたのか、その活動の一端をみてみよう。

日本現地には放射線衛生将校（RHO）一名と二名の技師（RHT）が派遣され、横須賀海軍病院にいる放射線衛生将校（RHO）と協力して、海軍の放射線量計（ドジメーター）が届いたときの部隊への配布計画と調査区域の選定、放射線モニタリングの指揮計画を完成させたという。またそれには、空軍放射能影響評価チーム（AFRAT）とも緊密に協力して作業を進めた（この場合、横須賀海軍病院に放射線衛生将校（ＲＨＯ）が常駐しているということは、横須賀に原子力空母や原潜が母港として常時停泊、出入港を繰り返しているからに他ならない）。

線量計（ドジメーター）がそろわなかった海軍

陸軍は二〇一一年度中に朝鮮半島やアフガンに配備する予定であった約二〇〇〇個の線量計（ドジメーター）を座間にふり向けたが、海軍は大量の線量計（ドジメーター）を整えることができなかった。線量計（ドジメーター）はその数値をゼロ点調整・校正しなければ、値が正確でなくなってしまう。また、その作業をする要員も本国の海軍線量計センター（ＮＤＣ）に最大で四〇人ほどしかいないため、その能力に限界もあり、一時期に大量にそろえることができなかったものと思われる。

そこで海軍の線量計（ドジメーター）が到着するまでの間、空軍からの提供を受けた。空軍放射能影響評価チーム（ＡＦＲＡＴ）は、海軍や陸軍の線量計よりも性能の良い、リアルタイムで線量がわかる電子携帯線量計（ドジメーター）ＥＰＤ［写真10］を、ホットゾーン（八〇キロ圏内）とウォームゾーン（二〇一キロ圏内）に入る最前線の海兵隊員に供給した。これに対して陸軍や海軍の線量計は、持ち帰って分析機器（リーダー）にかけなければ被曝線量が明確にならないものだ。

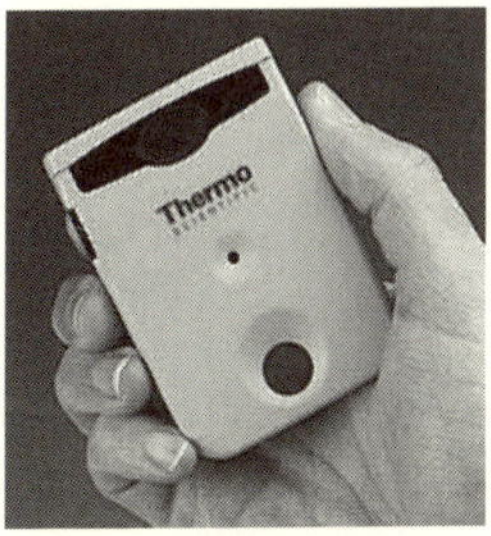

［写真10］空軍電子携帯線量計（EPD）〔出典：Thermo社カタログより〕

■秋田沖エセックスに二一名の専門要員が乗船

「星条旗」紙（電子版）によると、第Ⅲ海兵遠征軍の強襲揚陸艦エセックス（母港は事実上佐世保）は他の二艦（ハーパーズフェリー、ジャーマンタウン）とともに三月一九日に日本海の秋田沖に到着。このときに二一名の放射線アシスタントチームが、強襲揚陸艦エセックスに乗艦した。これが海兵隊の最初の放射線専門家部隊の前線への配置であった。

この二一名のアシスタントチームはグアム、ピュージェットサウンド、ノーフォーク、パールハーバーからかき集められた要員で、これらの地点はすべて原子力潜水艦の母港でもある。おそらく原子炉についての教育と知識、経験の豊富な海軍の原子炉専門家が集結したのだろう。しかしその後、エセックスは八戸沖に停泊。そして主に岩手県の大島の支援に向かった。しかし、三月二七日にこの大島に向かった海兵隊員はドジメーターをつけていなかったようだ。

一方、三月三一日、石巻工業高校の清掃支援に入った海兵隊員はドジメーターを着けていた［写真11］。北の大島では必要なかったが、南の石巻では必要であったということだ。また、それ以前に仙台空港に第一陣で向かった海兵隊員は三月一六日にドジメーターをつけていなかったが［写真12］、三月二八日には着けていた［写真13］。この事実は、以上の海軍海兵隊の手続きの経過をよく裏づけている。

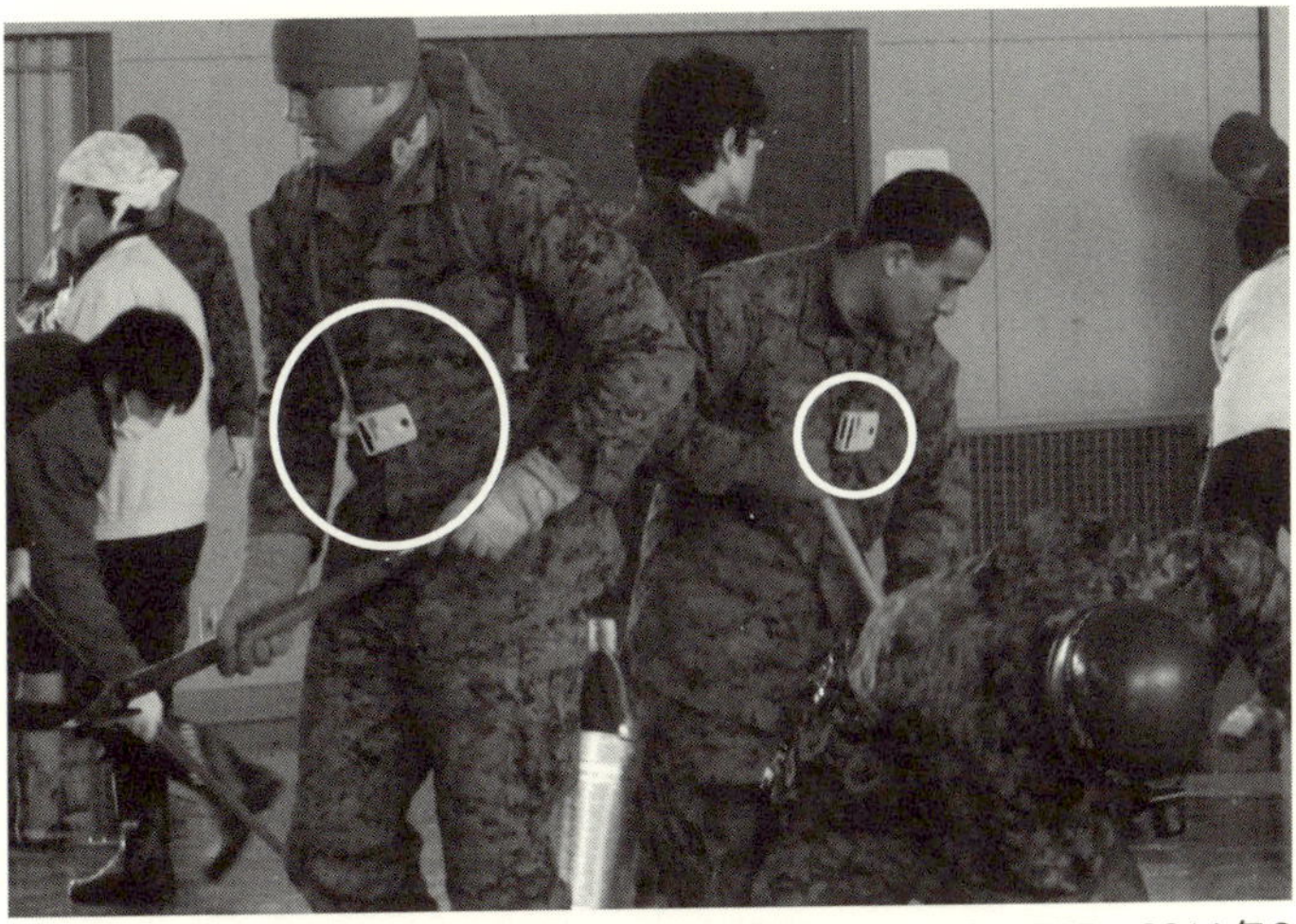

[写真11]　石巻工業高校での海兵隊員。丸印は電子ドジメーターEPD　2011年3月30日〔出典：統合支援部隊より筆者作成〕

[写真12]仙台空港で。ドジメーターはまだない　2011年3月16日〔出典:米空軍〕

［写真13］仙台空港の海兵隊員。ドジメーター未装着の自衛隊員とは対照的だ 2011年3月28日〔出典：米空軍〕

一万三〇〇〇個の線量計　その行方は？

しばらくして米本国の海軍放射線量センター（NDC）から一万三〇〇〇個の線量計（ドジメーター）が日本に送られた。これは明らかに四月に入ってからのことだが、一万三〇〇〇個という数は非常に多い。

四月三日に海兵隊の化学・生物事故即応部隊（CBIRF）一五五人が横田に到着する。しかし、彼らはドジメーターを携帯してはいなかった。大々的に報道されたので目を奪われがちだが、四月五日には第Ⅲ海兵遠征軍の化学・生物・放射能・核兵器（CBRN）ユニット三〇〇名以上が、CBIRF一五五名と合同して危機管理支援部隊（CMSF）を厚木で結成する。合計四五〇名以上の大部隊だ。CBIRFは四月二三日には陸自中央特殊武器防護隊と合同展示演習のデモンストレーションを行い、本国に撤収している。四五〇人の専門教育を受けた部隊と一万三〇〇〇個のドジメーター。いったいどこで、どのように使用されたのか。これは一年後に明らかとなる。

東日本各地で放射線量モニタリングを行った米軍

特徴的なのは、空軍、陸軍、海軍海兵隊の全四軍の放射線量計（ドジメーター）のセンターがこれに関わり、東日本各地の放射線量を測定。また、水や土壌をサンプリングしていたという事実だ。これが「トモダチ作戦」の第二の任務の中心的な内容のようだ。情報では、米エネルギー省の専門家を福島原発に近い場所まで軍用車両で送って行ったという例もみられる。福島沖東方海上では横田の米空軍C－一三〇輸送機から観測用のブイを投下し、そこから得られる海表面の風向きや海表面の温度などの情報を分析［写真14］。東日本の海岸線の放射能からの安

［写真 14］東日本太平洋上でブイを落とす米空軍　2011 年 4 月 29 日〔出典：米空軍〕

全航行に必要な海洋安全地図を、海軍の海洋学軍団が作成。さらに潜水艦部隊も加わって、原発事故発生後から横須賀海洋学対潜センター（ＮＯＡＣ）はその放射能や風向きなどについて監視を続け、約一〇分ごとに海洋情報を提供し続けたという。

米軍と米国政府は、どうしてこんなに自由に他国の情報収集ができたのか。たとえば国連海洋法条約では、排他的経済水域（ＥＥＺ）内（日本では二〇〇海里）での科学調査活動は、当該国に同意を得ることなしにはできないことになっている。ましてや領土、領海内での科学調査行動は当該国の了承が取り交わされているはずである。そして日本政府はこれだけの情報提供を受けながら、なぜ被災者の安全情報として提供しなかったのか。それとも米軍からの情報提供は一部のみなのか。また、逆に日本からの米国への情報提供はどれくらいあったのか。疑問は深まるばかりだ。

5　低線量下での長期被曝をデータ化したい

私たちは日常生活のなかで、当たり前のようにテレビやラジオで天気予報を聞いて、それを参考にして生活している。一方で、二〇一一年三月から天気予報と同じように、毎日の東日本各地の放射線量を、テレビや新聞で知らされている。これは架空の未来社会の物語ではない。いま現在、私たちの国・日本で現実に起こっていることだ。

毎日、各地の放射線量を聞いて生活する

この状態は、まともな社会のあるべき姿とはいえない。誰もが放射線被曝の危険、そして水や食べもの、ホコリなどから体内被曝の危険を孕んで生活せざるをえないのだ。原発事故以来、多くの外国人が日本から離れた。先にみたように米軍家族では、約一万人が国外に避難した。しかし、私たち日本人は逃げる場所がない。先祖からの土地で働き、そこで食べて飲んで、生活するしかない。

福島第一原発事故に関連して、米軍は陸・海・空・海兵の四軍の放射線専門部隊を大規模に送り込み、非常に早い段階で計画的にドジメーターを携帯させて、データ収集をしてきた。しかし、こうした事実はいっさい報道されなかった。たしかに三月一一日直後の人道的支援・災害援助活動はありがたいものがあった。しかし、それは米国だけではない。ニュージーランド、オーストラリア、ロシア、台湾、中国、韓国、フランス、イスラエルなど、まさに国際的な支援・援助があった。

「トモダチ作戦」の第二の任務、「福島第一原発事故関連のモニタリング」とは何だったのだろう。なぜ、いっさい日本国民と世界に知らされないのか。

ホットゾーン・ウォームゾーン

報道によると、横須賀基地の広報担当者は三月一一日の地震被災当日、渋滞のなか、車を降りて横須賀市役所まで通訳と一緒に走ってきたという。そして空母の「原子炉は安全」であることを伝えた

ということだ。では、その後の三月一五日の放射線量の測定値と対処について、また基地内での放射線量の変化とその数値についてはどうなのか。三月一七日までの時点で、米軍は関東地方での放射性降下物の風向き地図を作成していた。加えて、文部科学省の緊急時迅速放射能影響予測ネットワークシステム（ＳＰＤＤＩ：通称スピーディ）のデータが日本の首脳には渡されずに、外務省経由で一時間ごとに自動的に米軍に送られていた事実もその後明らかになっている。それは国民に知らされることはなかった。そのとき私たちは、計画停電と物不足にどう対処するか、明日はどうやって職場や学校にいくか、いつ余震がくるかということで頭がいっぱいだった。

三月一七日、ルース駐日大使は福島第一原発から八〇キロ圏内（五〇マイル）の米国人の避難勧告を発令した。このとき日本政府の出している二〇キロ圏内の避難勧告との違いが問題となった。その後、報道各社がこのことを質しても、米大使館は二〇一一年一〇月まで変えることはなかった。米軍は八〇キロ（五〇マイル）圏内がホットゾーン。さらに二〇一キロ（一二五マイル）圏内がウォームゾーンとして、制限区域を設けている。米国では核戦争に備えて、すでにこうしたマニュアルができている。そして、そのデータのおもとは広島・長崎のデータであり、ビキニ環礁水爆実験でのデータにもとづいているのだろう。いずれも核爆発による放射線の影響だ。

低レベル線量下での長期被曝

今回の福島第一原発事故は、戦争状態下の事故ではない。福島の事故はいくつかの特徴をもっている。まず日本という人口の密集した地域で発生し、しかも二〇〇〜三〇〇キロ圏内に東京という首都機能をもつ大都市をかかえ、そのなかには横須賀・座間・横田という米軍基地も含まれている。さらに心理的効果として、「放射線」が与える影響は無視できないほど大きいことがしだいに明らかになってきている。さらに、その放射線と放射能の拡散が低レベルであり、こうした低レベル線量による被曝が数十年以上にわたるときにどのような影響が出るのか、正確なデータが得られていない。また、海洋の放射能汚染も史上初めての経験だ。そして何よりも特徴的なのが、事故の発生当初から正確な放射線量と被曝線量がデータとして得られ、それに関係する医学的なデータが得られる環境にあることだ。

福島原発事故は、一九八六年のチェルノブイリ原発事故以来のレベル7の事故だが、冷戦下にあった当時のソ連政府は米国の専門家の入国と支援を拒否したため、米国は直接データを得ることができなかった。また冷戦終了後に、核兵器や核物質が世界に拡散している状況のなかでの事故であるということも重要だ。米国は二〇〇一年の同時多発テロ以来、化学・生物兵器や核物質、核兵器、大量破壊兵器が流出したため、テロ攻撃に使用されることを強く懸念し、どのような影響がでるのかに強い関心をもっている。

核戦争は想定していたが

米国政府は自国外の非常事態・大規模災害に対して「海外における危機管理（フォーリン・コンセ

クエンス・マネイジメント：FCM）」を発動させて、在日米大使館が外交・連絡調整など中核となり、地域統合軍（最初は在日米軍、後に太平洋軍司令官）が実動部隊として行動した。さらに国防脅威削減局（DTRA）や米エネルギー省（DOE）、米原子力規制委員会（NRC）などの関係各機関が関わって、東日本災害、とくに福島第一原発事故に深く関わった。

しかし、三月一一日の大規模地震と巨大津波発生時、米軍は事態を把握できない状態にあった。そのことは他の演習に向かっていて、その途中に日本の東方海上にいち早く到着した米空母レーガンのその後の対応に顕著だ。三月一三日には東北沖の太平洋上に到着する。空母に到着したヘリコプターが放射線を探知する。（一四日）米軍では非常事態などがあった場合には、常に核兵器による攻撃であるかないかを確認するための放射線測定機器を常備している。今回の場合は福島第一原発の事故による放射線であることが明確であったために、空母レーガンは二〇一キロ（一二五マイル）圏外にさっそく退避。空母レーガンでは、どう対処してよいのか「混乱した状態」に陥ったという。それは米軍には、核戦争を想定した訓練はできているが、民間の核事故を想定したシミュレーションはなかったからだ。

経験したことのない事態――広がる不安

こうした事態の対処にあたったのが、原子力空母に常駐している放射線衛生将校（RHO）だ。空母レーガンの放射線衛生将校（RHO）はさっそく放射線量の測定とサンプルの収集、保存に努める。

しかし、こうした職務を専門とするRHOですら、初めて経験する事態に動揺したようだ。空母艦内に不安が走る。乗組員の飛行甲板への出入りが制限され、到着するヘリなどの航空機と装備、乗員はすべて放射能を測定され、除染される［写真15］。米軍では、こうしたCBRN（化学・生物・放射能・核兵器）へ対処する訓練は日常的に行われているが、実際に生身の人間や装備で放射線測定されるのは初めてのことだ。

放射線と放射能、あるいは核兵器による閃光を確認したら、一刻も早く退避行動と状況の把握に努めなければならない。空母は最前線近くで常に行動しているわけだから、迅速な判断と行動が求められる。まずは最悪の事態を想定するのが軍隊。しかし、それでも恐れずに任務を果たすことが求められるのがまた軍隊でもある。

［写真15］空母レーガンでのエアコンフィルター放射線測定作業　2011年3月31日〔出典：米海軍〕

事態発見後一五分以内に

『CBRN事件事故に対する初動――基地司令官ハンドブック』（国防脅威削減局DTRA・戦略統合軍センター、二〇一〇年）［写真16］によると、核兵器などに対しては、事態の発見後「一五分以内」、さらに「一時間以内」、「四時間以内」、「八時間以内」とかなり細かい時間間隔でチェックすべき項目を作っている。核兵器であれば、確実に爆心を定め、そこから周囲の一定の距離は爆風や閃光、熱線などの危険があり、直接的な放射線の危険が想定される。そして同時に問題になるのが、放射性降下物（フォールアウト）だ。これは広島原爆での「黒い雨」としてよく知られている「死の灰」。核兵器の爆発時の粉塵などが放射性物質となり、あるいは放射能と混ざって風とともに舞い上がり降ってくるもので、この健康被害を避けるために風上に移動し、あるいはその風向きを避けるように退避行動をとらなければならない。ここで細かな気象情報がきわめて重要になってくる。空母レーガンはまもなく宮城の北東沖に移動し、飛行甲板を除染することになる。

［写真16］『CBRN事件事故に対する初動――基地司令官ハンドブック』
〔出典：DTRA戦略統合軍センター　2010年〕

変貌する衛生部隊

二〇一二年二月一日、東京市ヶ谷の防衛省A棟講堂に約六〇〇〜七〇〇名の自衛隊衛生部門の関係者が集められた。防衛省の「防衛医学セミナー」に参加する全国の医官たち。「東日本大震災経験後の自衛隊衛生部隊の在り方」をテーマに行われた防衛省の研修だ［写真17］。

冒頭挨拶に立った神風英男政務官（当時）は「セミナーを通じ自衛隊に求められる衛生活動について検証し、教育訓練などの衛生施策に積極的に反映してもらいたい」と述べた。自衛隊の衛生部隊というと、あまり前面には出てこない。一九九五年の地下鉄サリン事件に関わって、ガスマスクと宇宙服のような化学戦防護服を着た異様な一団が目を引いた。こんな特殊な部隊も水面下では存在したのか……。偽らざる市井の声だ。衛生部隊というと、前線で負

［写真17］防衛医学セミナーに参加する自衛隊医官　2012年2月1日〔出典：米空軍〕

傷した兵士を応急手当し、後方の野戦病院へと送る、そんな兵士を連想する。しかし現在、その姿と任務は変わりつつある。

メインは午後の講演だった。「東日本大震災におけるトモダチ作戦」をテーマにして、在日米空軍横田病院長リー・ハービス大佐（当時）が「教育講演」を行った。同大佐は同時に米空軍第三七四医療群司令官であり、在日米軍司令部医務官、第五空軍司令部医務官で在日米軍の医療部門の責任者。そして「トモダチ作戦」時には、横田の統合支援部隊（ＪＳＦ）の医療部門の指揮者となった人物だ。

米軍の「衛生活動」

三月一一日から四月六日までの間に、米軍の支援活動の中心はヘリコプターによる水や支援物資の輸送・配布を行った。仙台空港の復旧と物資や資材の移送、大島や石巻などの瓦礫の処理、そして航空機等による福島原発周辺の放射線量の測定などが中心であった。さらに原発への真水の移送をする米海軍横須賀基地の艀（はしけ）の貸出し。オーストラリアとの共同で、原発炉心への給水のための強力ポンプの小名浜経由での移送などを行った。衛生・医療に関することは、活動地域の有害物質や化学物質などの危険物の検知と影響評価、そして放射性物質や各地の放射線量の測定と風向きによる影響の予測、水と食料の検査、帰還した航空機や兵士の放射能測定・被曝線量測定、放射線量計（ドジメーター）の計画的配布と回収など、放射線や放射能に関することが中心であったと思われる［**写真18**］。

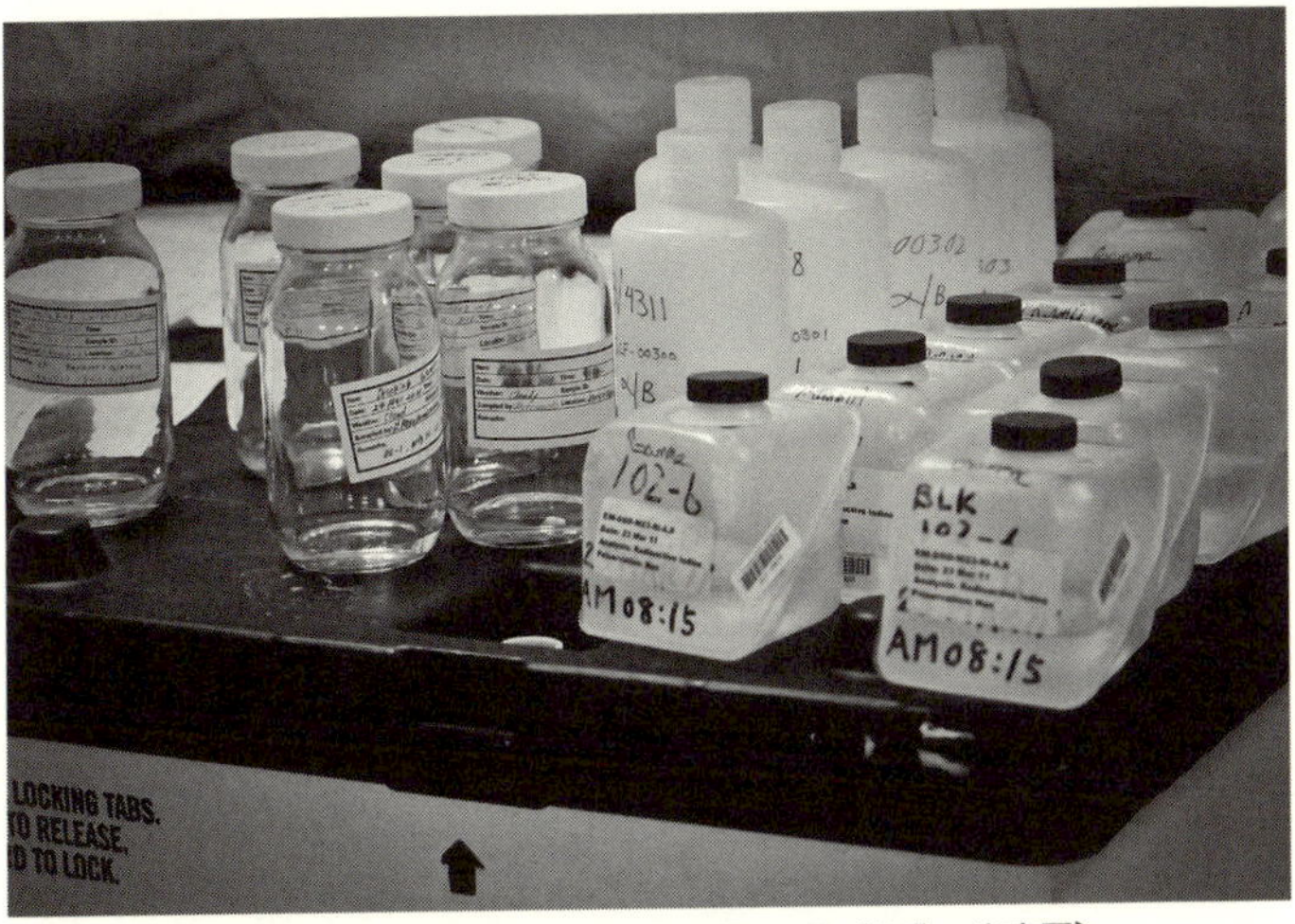

［写真18］横田での水道水の検体　2011年3月24日〔出典：米空軍〕

四月一二日には、ウィラード太平洋軍司令官（当時）はハワイに帰国してしまう。しかし、「トモダチ作戦」は終らなかった。三月下旬から四月上旬に来日した陸・海・空・海兵の四軍の放射線専門部隊は、この太平洋軍司令官帰国後の四月上旬から本格的な活動を開始する。海兵隊の最後の六〇人が沖縄に帰還したのは五月四日。陸軍の第九戦域医療研究所（AML）が帰国したのは五月五日。こうした医療・衛生を担当する放射線の専門部隊の大部分は、五月上旬には本国に撤収する。しかし、これでも終わりではなかった。五月中旬には空軍の空軍放射能影響評価チーム（AFRAT）と座間の陸軍公衆衛生軍団が協力して、研究施設（ラボ）をキャンプ座間に設置する（これが後の座間中央放射能試験施設になる）。さらに研究・評価期間を設けて、「トモダチ作戦」の統合支援部隊（JSF）が解散したのは一ヵ月後の二〇一一年六月三〇日だった。

座間に在日米軍の中央放射能試験施設が設置される

米軍は常にいつ核戦争が起きても、それに対応できるように二つの戦略をとってきた。一つは、核先制攻撃能力を保持するということだ。だからソ連崩壊後のいまも、戦略核原潜は変わらずに保有している。そしていま一つは、報復攻撃や核テロ、生物・化学攻撃などを受けることを想定し、市民に向けて啓発活動をしてきた【写真19】。日本では信じがたいことだが、市庁舎や官公庁出先機関の片隅にこんなパンフレットが置いてあるのだろうか。いつも戦争をしている国としては当たり前なのかもしれない。しかし、日本はそんな国にしたくない。これは国民の一致するところだろう。

しかし仮に「核攻撃」を受けた場合、ちょうど被害を受けたところは別として、その後の対応が重要となる。どんな戦争でも、「攻撃」を受けた周囲に必ず市民生活が残っている。そうした場合、いかに救援を組織するかということと、これ以上被害を大きくしないことが大切だ。

それには安全な水と食料の確保が必要だ。食料は一週間食べなくても何とかなるが、水はそうはいかない。まず安全な水を確保し、できない場合には、ペットボトルなどのミネラルウォーターを安定的に供給する必要がでてくる。また食料も、放射能汚染が心配されるものに替わってすべて別の地域から食料を確保する必要がある。そのためには、水や食料の安全管理、食品衛生上の放射能測定の態勢が欠かせない。

[写真19] 米連邦危機管理庁発行の市民配布用パンフレットより（核攻撃版）〔出典：米国土安全保障省（DHS)〕

キャンプ座間に高性能放射線探知機

二〇一一年五月中旬にキャンプ座間内に試験研究所（ラボ）を立ち上げた米軍は、さらにそれを充実させている。二〇一一年八月二〇日の米軍「星条旗」紙（電子版）によると、この座間の施設に二台の高性能測定器が置かれたという。最近では私たちも多少の知識がついてきて、見たこともあるものだ。食材を刻んで透明のガラスケースに入れ、それを円筒形の分厚い金属の筒の中で食品中の核種ごとの放射線量を測るあの機器だ。

日本に駐留している米軍はすべて核戦争や化学戦争、細菌戦などを想定している。核戦争に対しては、兵士に降りかかった放射能を計測する携帯型の計測機はすでに装備されていたという。だが、福島原発事故が発生した当初には、本国から食材を計測する同じような機器を持ち込んで間に合わせていた。それでも現地で取得したサンプルを本国に送る必要性があったという。

しかしこうした一時的なものではなく、「万一、福島原発の他の原子炉からの放射能漏れがあった場合に、すぐに分析を立ち上げられる能力が必要だった」と、キャンプ座間の陸軍公衆衛生軍団太平洋地区司令官（当時）は語っている。

いまわれわれは、ここで新しいことをしている
――核戦争から民間原発へ

現在座間の試験研究所（ラボ）は、在日米軍の中央放射能試験施設として機能しており、本州では横須賀海軍基地、沖縄では嘉手納空軍基地のそれぞれの海軍、空軍の放射線学部隊と緊密に連携をとり活動をしているという。横須賀には米海軍病院があり、空母と原潜の原子炉をかかえ、放射

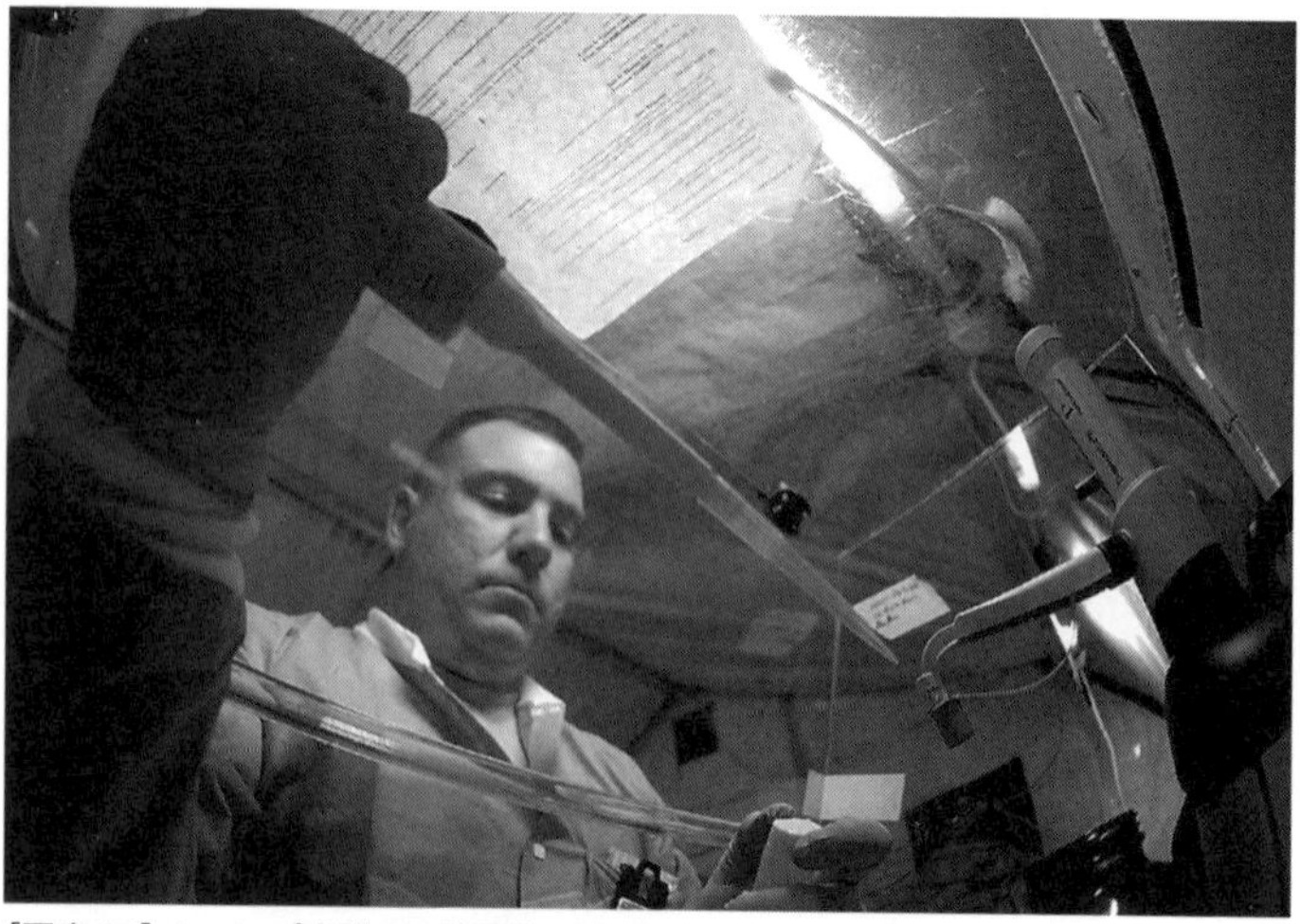

［写真20］キャンプ座間での陸軍第9戦域医療研究所の作業　2011年4月16日〔出典：統合支援部隊〕

線衛生将校（RHO）一名が常駐。嘉手納には嘉手納空軍病院があり、第一八医療群の第一八航空医療中隊がある。

また、キャンプ座間の陸軍地域獣医軍団が日本に駐留する全四軍のための「食品安全計画」を管理している。米本国から持ち込まれるすべての食品や、日本の業者から持ち込まれるすべての食品・食材について放射線や他の物質の汚染がないように検査をするのが、この陸軍獣医軍団の任務でもある【写真20】。

座間の米陸軍公衆衛生軍団太平洋地区司令官ブラマージュ大佐（当時）は言う。

「現在にいたるまで、軍の政策の大部分は核戦争に焦点をあててきた。そして放射線リスクは核戦場と結びついていた。これに対して、放射線リスクを民間原発からの低レベル放射線漏れに結び付けて考えることが、浮かび上がってきた。」「いまわれわれは、ここで、新しいことをしているのだ。」

6　オモテの人道支援、ウラの放射線被曝データ収集

三・一一から半年が経過した二〇一一年夏。福島原発から南に一〇〇キロの茨城県日立で毎年行われている路傍の草刈りが行われた。草刈りは県から受注する仕事で、受注額が低く、受けても赤字になるという。地元の工務店などは持ち回りでこの仕事を担当している。一一年はその草刈りにもう一

つ負担が加わった。放射能だ。県道の脇の草刈り、炎天下でのきつい仕事だが、その刈り取った何トンもの大量の草が、放射線量のために焼却処分ができなくなってしまった。ブルーシートに詰めて大量に保管している。処分のめどはたっていない。

「県が危険だというなら、それを現場で刈っていたオレたちはどうなるの」、「何の防ぐ手立てもないんだよ」。もっともな話だ。防護服などなく、もちろん線量計での安全確認もなされていない。せめて作業員の外部被曝線量の概算と県の作業証明は、労働者の安全・衛生上、その人権を守るうえでも必要な措置だろう。

宮城県石巻市は、地震による津波で大きな被害を受けた。沿岸部は全滅状態。沿岸部からは離れている県立石巻工業高校も川に隣接しているために、最大時一二〇センチほど泥水に浸かった。それも三月一三日ころにはほとんど引いて、学校関係者で片づけをしていた。そこへ宮城県から連絡が入り、米海兵隊第Ⅲ遠征軍の部隊が体育館などの瓦礫や泥の片づけに入ることになった。

米軍は海軍の原子力部門の専門家を集めて、三月一九日に秋田沖の強襲揚陸艦エセックスに海軍放射線学アシスタントチーム二一名を乗船させた。その後、エセックスは津軽海峡を経て八戸のはるか沖合で風向きを見ながらしばらく待機。海軍海兵隊はその間に着々と準備を進め、三月二三日には厚木で放射能除染について会談をもち、二五日に海兵隊統合軍上陸構成部隊司令官ブリラキス少将（当時）が座間基地のＵＨ六〇ブラックホークヘリコプターを使用して仙台周辺の事前調査を行った（巻末資料「「トモダチ作戦」に関連するドキュメント・カレンダー」参照）。それを受けて二七日、第Ⅲ

海兵遠征軍が宮城県気仙沼東方の大島に支援に入る。これが海兵隊の初めての支援活動だった。このときは上陸用舟艇LSTが使用できる場所が必要だったといわれる。同時に二七日には、厚木基地で海軍海兵隊の部隊の放射線測定機器のデモンストレーションが行われた［写真21］。こうした一連の準備を経て三〇日に、石巻工業高校に電子放射線量計EDP（空軍から借用したドジメーター）を装着した部隊が瓦礫撤去や清掃支援に入る。同時に二七日以降、海兵隊は仙台空港にもEDPを携行している。

計画的に線量計を携行して南下する海兵隊

海兵隊は放射性降下物を避けて、日本海側から津軽海峡を経て太平洋上で風向きを見ながら上陸を準備。下見をしながら徐々に南下し、放射線量を計測しながら仙台空港に到達している。南か

［写真21］海軍海兵隊の放射線測定機器のデモが行われた厚木基地　2011年3月27日〔出典：米海兵隊〕

らは空軍のAFRATが三月二八日に、福島第一原発に最も近い港である小名浜で放射線量の計測を行っている。そして四月五日には、空軍AFRATが仙台空港の放射能サンプリングを行い、一方、厚木では海兵隊が五〇〇人規模の化学・生物・核・放射能CBRNチームを動員して危機管理支援部隊（CMSF）を結成した。ここで本格的な活動が始まるわけだ。それまでの三月いっぱいの線量計による測定活動は準備段階であり、予備的なものと考えられる。

米軍が各部隊に放射線量計（ドジメーター）を携帯させる。これには二つの目的があるものと考えられる。一つは、マニュアルどおりに核戦争を遂行すること。そしていま一つは、兵士の安全と衛生のためだ。マニュアルどおりというのは、あくまでも核戦争遂行のために爆心から一定の距離の同心円上に入らず、さらにそこの風向きによる放射性降下物の被害を避けるため、風上から放射線量や核種などを測定し、爆発の規模と兵器の種類を特定し、確実で安全な進行経路を確保するために、徐々にその範囲を狭めていくということだ。もう一方は、兵士や作業員の労働者としての安全・衛生上の措置だ。米軍では線量計（ドジメーター）を携行して一定以上の放射線量が測定された場合には、そのドジメーターを提出すると同時に、それ以上の被曝を避けるために、再度の同一区域への進出が禁止されている。抜かりなく被曝データは集めるが、兵士と作業員の安全のための措置はとる。核と放射線に対する不安を払拭しないと、兵士の戦闘員としての能力を果たせない。アメリカらしい合理性だ。

線量計を携行した米軍と携行しない自衛隊

それにしても腑に落ちないことがある。いくら核戦争を想定している米軍でも、今回のような実際に放射性物質を浴びるということには、大きな不安が軍全体に広がっていた。何よりも、この原発事故に関連して正式な「自主避難」で約一万人もの米軍家族が日本から避難したことでも、そのことは明らかだ。そして米軍は、部隊が進出する地域がどれくらい汚染されているのか、確認しながら徐々に事を進めた。

ところが自衛隊はどうかというと、事故原発から二〇キロ圏内で捜索や除染作業などの行動をした自衛隊員ですら、一部の指揮官を除いてその大部分が線量計の携帯を確認できない［**写真22、写真23**］。また同様のことが、警察官や消防隊員にも言える。とくに年齢層の若い隊員の多い自衛隊

［写真22］石巻工業高校へ支援に入る海兵隊員らと自衛隊員。自衛隊員には線量計がない　2011年3月30日〔出典：米海兵隊〕

［写真23］石巻のガレキ処理をする海兵隊員（中央の米兵は電子携帯線量計を携行）と自衛隊員　2011年4月1日〔出典：米海兵隊〕

や消防は深刻だ。労働安全・衛生上も、いつどこで、どれぐらいの時間、どんな作業をどのような作業環境で行ったのかの作業記録の作成と、それによる外部被曝線量の推定。放射線影響下での作業証明は、個々人を特定できるレベルでなされる必要がある。しかし、実情は闇の中だ。

■「トモダチ作戦」で何が変わったのか

二〇一二年三月、米本国の軍放射線生物学研究所（ＡＦＲＲＩ）のシンポジウムが行われた。テーマは「軍事医療作戦——福島第一原発事故に対する合衆国の役割」。これには、これまでに紹介した国防脅威削減局（ＤＴＲＡ）、米陸軍公衆衛生軍団、第Ⅲ海兵遠征軍、米空軍放射線影響評価チーム（ＡＦＲＡＴ）、米陸軍第九戦域医療研究所、空軍第三七四医療群司令官（第五空軍・在日米軍軍医司令官）リー・ハービス大佐、当時太平洋軍司令部軍医司令官であったミッテルマン少将らが講演をしている。いかに米国が福島第一原発事故とそれへの医療・衛生部門の対処経験に注目しているかがわかる。

今回の「トモダチ作戦」を通じて米軍は、「日米同盟が深化」したと言っている。そのことは別の角度から、この一年で大きく変わった防災訓練にみることができるだろう。各自治体は進んで自衛隊や米軍のヘリなどの支援をあてこんでいるが、実際には国家間の要請などの手続きが必要だ。さらに米軍としても、ヘリは数に限りがある。二〇一一年九月に行われた東京の防災訓練では、ノースドックの舟艇が被災者を晴海埠頭から横浜まで輸送したが、現実には津波や埠頭の破損、危険物や材木等の散乱で埠頭に横付けすることも困難なことが予想される。まるで日本人が自分の力で考えることを失ってしまったかのようだ。大きな力や権力にすがれば何とかしてくれる、そんな安易な姿勢がみてとれる。

さらに防災訓練であるのに、いま米軍や自衛隊は化学戦や生物戦の除染部隊を公然と表に出して宣伝している。ひと頃なら批判が巻き起こるところだが、地震や津波が起きて、除染が第一に必要なことではあるまい。いま軍隊が日常の風景になろうとしている。それはいままでの平和国家から、戦争をする国、戦争を準備する国への舵の切り替えにも見える。

第二部

「トモダチ作戦」の「分析」とは

7　核爆発対応マニュアルから

クロスロード作戦と戦艦長門

一九四六年七月、南太平洋上のビキニ環礁でアメリカの核実験が行われた。このビキニ環礁で行われた核実験には日本の戦艦「長門」と軽巡洋艦「酒匂」、そしてドイツの重巡洋艦「プリンツ・オイゲン」も標的として使用された。その作戦名は「クロスロード」（交差点・岐路・分かれ道）。冷戦を核兵器でリードするように、日本とドイツなど枢軸国の降伏後一年足らずで実施された。史上、広島・長崎に次ぐ四番目の核実験だ。しかし、非常に大規模な核実験で、ターゲット（標的艦船）として八四隻が動員され、うち三隻が日本とドイツの艦船だった。そのうち七一隻には人が乗船せず、残りの一三隻には核爆発の後、乗組員が乗船してビキニ環礁から離れた。

その被曝線量は、当時のフィルムバッジでの計測で〇～一・七レム（一七ミリシーベルト mSv）だったという。しかも、二つの核爆弾（二三キロトン）で条件を変えて実験した。一発目は「エイブル（可能性）」というコード名、地上五二〇フィート（一五六メートル）で炸裂。二発目はコード名が「ベイカー（焼き上げ）」。浅い海面下九〇フィート（二七メートル）で炸裂させた。さらに爆心から地上爆発では、一六～二〇マイル（三〇～三七キロ）ほどに標的艦船を展開。海面下爆発ではほぼ一六マイル（三〇キロ）に設定し、様々な大きさの艦船を準備してその破壊力とガンマ線を三ヵ月間にわたり計測した。

これを記録したものが一九八二年三月の「クロスロード作戦の海軍部隊に対する放射線暴露の分析」という報告書の形で国防核兵器局（DNA）に残っている。この国防核兵器局（DNA）は、後に国防脅威削減局（DTRA）になる。今回の「トモダチ作戦」でもいち早く横田に到着し、全体の指揮機能を果たした政府機関だ。それにしても、ビキニ環礁での「クロスロード作戦」は一九四六年に行われたのに、国防核兵器局（DNA）の報告はそれから四〇年ほど、約半世紀近く経って出されているのはなぜなのだろう。

さすがに爆心近くにあった艦船には人は乗船させなかったが、それでも八四隻中の一三隻は乗組員を核爆発後に乗船させてハワイ等へ帰還させているから驚きだ。この「クロスロード作戦」は、海軍で初めて実際の海軍艦艇を使用して核兵器の効果とその影響を実験したものだった。どのような規模の艦船なら沈没せずに耐えられるか。どれくらい日数を経過したらガンマ線が下がるか。そして現在なら考えられないことだが、乗船した乗組員も被曝している。

報告書では乗員四名の船は影も形もなくなっていたという。大きな戦艦「長門」は二発目のベイカーでもすぐには沈まなかったが、一九四六年七月二九～三〇日に、つまり三〇日の明け方には沈没して姿がなくなっていたという。

その後のビキニ環礁

その後、ビキニ環礁では何度も核兵器の実験が繰り返された。とりわけ有名なのが、一九五四年三月一日のビキニ環礁での水爆実験である。このときは近くを航行中の日本の漁船「第五福竜丸」がその放射性降下物（fallout）「死の灰」で被曝した。作戦名は「シーキャッスル」（海城）で、威力は「クロスロード作戦」が一発二三キロトンに対して、一五メガトンというとてつもない大きさだった。このとき米軍関係者は、爆心から五〇マイル（八〇キロ）のところに避難したという。

では、ビキニの住民はどうしたのだろうか。米国からほとんど十分な説明も受けず、避難させられた。ビキニ環礁は、その後何回も核兵器の実験場となり、合計して二三回もの核実験が行われた。恐るべき数字だ。住民が戻ることは叶わなかった。一九七〇年代になって、米政府はビキニの「クリーンアップ」を実施。一九七四年から七七年に約一〇〇人の住民は戻ることが許されたが、七八年春にビキニ住民から放射性セシウム（Cs）の警報値がみられ、再びビキニ環礁から追い立てられた。住民の放射線の調査の要求と度重なる抗議のなかで、やっと一九九七年に国際原子力委員会（IAEA）による調査が開始され。九八年に報告書「ビキニ環礁での放射線の状況（再定住の見通し）」が発表された。この報告書のなかで、ビキニ環礁に定住し、そこで得られる食料で生活すると、その被曝線量は年間一五ミリシーベルト（mSv）に達すると推定され、「永住に適さない」と指摘された。

米国は一九七〇年頃からビキニ環礁とともに、その約四〇〇キロ西隣のエニウェトク環礁の「クリーンアップ」も実施した。四〇〇キロというと、東京から京都くらいの直線距離があり、環境条件としてはほぼ同じ環礁だ。このエニウェトク環礁ではなんと四三回の核実験が行われ、ビキニと同様に住民は退去させられた。ビキニと同じ時期にエニウェトクの住民は島に戻ったが、ビキニとはまったく違う道を歩んだ。帰島と定住にあたり、放射線の高い立入禁止区域の島には入らないこと、また、立入禁止区域以外の島には食料を採る目的以外には訪れないことを約束させられたのである。そしてビキニとエネウエトクは米国の「クリーンアップ」の成果としても、また残留放射能の住民への影響という点でも比較対照の場とされてきた（国防脅威削減局DTRA歴史シリーズ「防衛的核兵器局の歴史　一九四七〜一九九七」より）。

グランド・ゼロ（爆心地）に突撃

核兵器の地上実験の最盛期にはこんなものも登場した。ネバダの核実験場で実際に地上での核爆発を起こし、待ち構えていた兵士がそのグランド・ゼロ（爆心地）に突撃するというものだ。一九五一年一一月一日の「バスター・ジャングル作戦」では、核爆発と同時に砂漠で待ち構えていた兵士が放射能でいっぱいの爆心地に突撃する「デザート・ロック演習」が行われた**［写真24］**。一九四九年八月にソ連初の核実験が行われ、それまでの米国の圧倒的有利な条件から、核兵器の均衡、別の意味では先制核攻撃の緊張と報復核攻撃の恐怖の時代に入ったのである。一方のソ連も、中央アジアで核実験と核戦場への突撃演習を行った。そのときのソ連軍幹部は、核戦争下で六時間突撃し闘い続けられれ

［写真24］ネバダ核実験場で爆心地に突撃を準備する兵士（「デザート・ロック演習」）
1951年11月1日〔出典：Defenses Nuclea Agency 1947-1997より〕

ばよいとしていたらしい（NHK世界のドキュメント）。なんと無謀なことを両国は考えていたのであろう。核兵器は持ったものの、対処の仕方は知らなかったのだ。戦争とはこういうものである。破壊と殺りくは行うが、復興と環境の回復の手立てを持たない。目標は戦争の勝利だけである。

国防脅威削減局（DTRA）とはどういう組織か

国防脅威削減局（DTRA）は、一九九八年に国防核兵器局（DNA）などの核関連政府・軍機関が連合して新たに誕生した政府機関だ。この発祥は、最初の原爆製造計画である「マンハッタン計画」にある。一九四二年に発足し、四七年には軍特殊兵器計画（AFSWP）、六九年には国防核兵器支援局（DASA）、七一年には国防核兵器局（DNA）九六年には国防特殊兵器局（DSWA）となり、九八年から現在に至っている。

発足から一九七〇年くらいまでは、核兵器の開発と研究が主目的だった。その後、一九七〇年代から八〇年代にかけての米ソ核兵器競争の時代には、大量にある核兵器を管理し、その有効活用と安全管理が目的になる。そして九一年の冷戦の終了とともに状況が変化し、旧ソ連圏から化学物質や核物質、大量破壊兵器などが流出。小さな生物・化学・核・放射能（CBNR）のテロ攻撃が起こりやすくなり、より現実味を帯びてきた。また、その一方で核開発競争の弊害ともいえる問題点――核関連の軍部局が多く、しかも巨大化し、その維持と管理のために軍事経済の疲弊が起きつつあった――が要因で、九八年には国防脅威削減局（DTRA）を再編成しなければならなくなった。したがって、現実味を帯びるテロ攻撃や核施設の事故などにどのように対処するのかという危機管理に関することと、旧ソ連圏などやイラン、リビア、北朝鮮、中国などからの兵器、とくに核物質を含む大量破壊兵器の流出を抑える港湾での輸出入管理、海上輸送船舶の臨検などが、主要な任務になってきたのだ。

核爆発対応マニュアル

以上のような核兵器関連のデータの蓄積のなかから、アメリカでは実に様々な、数えきれないくらい大量のマニュアルが発行されている。これを手順どおりこなしていくだけでも大変なことだ。政治家や軍のトップは四年くらいで代わっていくが、こうしたマニュアルを熟知した多彩な専門家、プロパーを安定的にかつたくさん抱えていることが不可欠である。

一九九〇年ころから、核兵器の事故を想定したマニュアルが出されるようになり、核兵器を積んだ航空機などの事故や核施設の事故に対応する手引きが図解されるようになってきた。いわゆる「ブロークン・アロー」だ。こうした図が、今回の福島第一原発での汚染区域地図として私たち民間人の目にも触れるように様々な情報を加えて変化してきたようだ。これらの図に共通するのが「風向き」だ。国防省（DOD）が一九九〇年九月に発行した「核兵器事故即応手続き（NARP）マニュアル」には、事故機の周りに汚染区域や管理区域を設定し、その外側の風上側に除染施設やモニタリング施設、現地指揮所などを設置することとなっている［写真25］。また、別の環境保護庁（EPA）放射線計画事務所による一九九一年発行の「核事故に対する防護行動及び防護行動立案のためのマニュアル」には、［写真26］のような図が載っており、中心から避難区域、退避区域、立入禁止区域、そして風向きによる警戒区域が設定

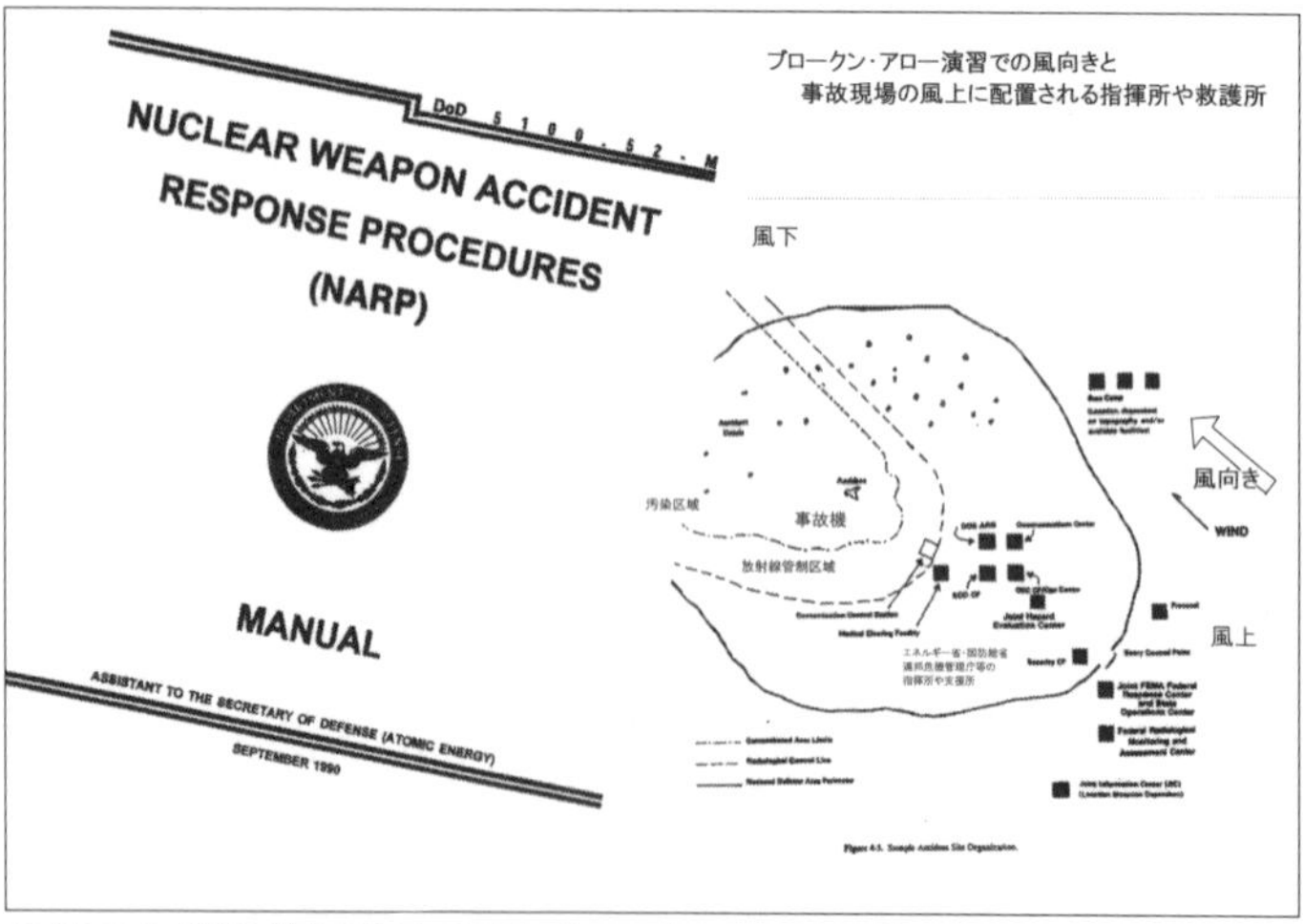

［写真25］「核兵器事故即応手続き（NARP）マニュアル」 1990年9月〔出典：米国防省をもとに筆者作成〕

されている。

ちょうど一九八四年あたりをピークに、米ソの核戦争の脅威はかなり高いものになっていた。さらに八六年四月二六日には、旧ソ連チェルノブイリでの核事故が発生した。まさにそれを受けて、そうしたデータを反映してのマニュアルの発行だったのだろう。

いま、二冊のマニュアルがある。「核爆発に対応するためのプランニング・ガイダンス(Planning Guidance for Response to a Nuclear Detonation)」。第一部は二〇〇九年一月に、第二部は二〇一〇年六月に発行された。発行者は第一部が米国土安全保障評議会――放射線と核の脅威に対する準備と即応のための省庁間政策調整小委員会、第二部が米国家安全保障参謀――放射線と核の脅威に対する準備と即応のための省庁間政策調整小委員会である。最も新しいマニュアルと言っていいだろう。ここに

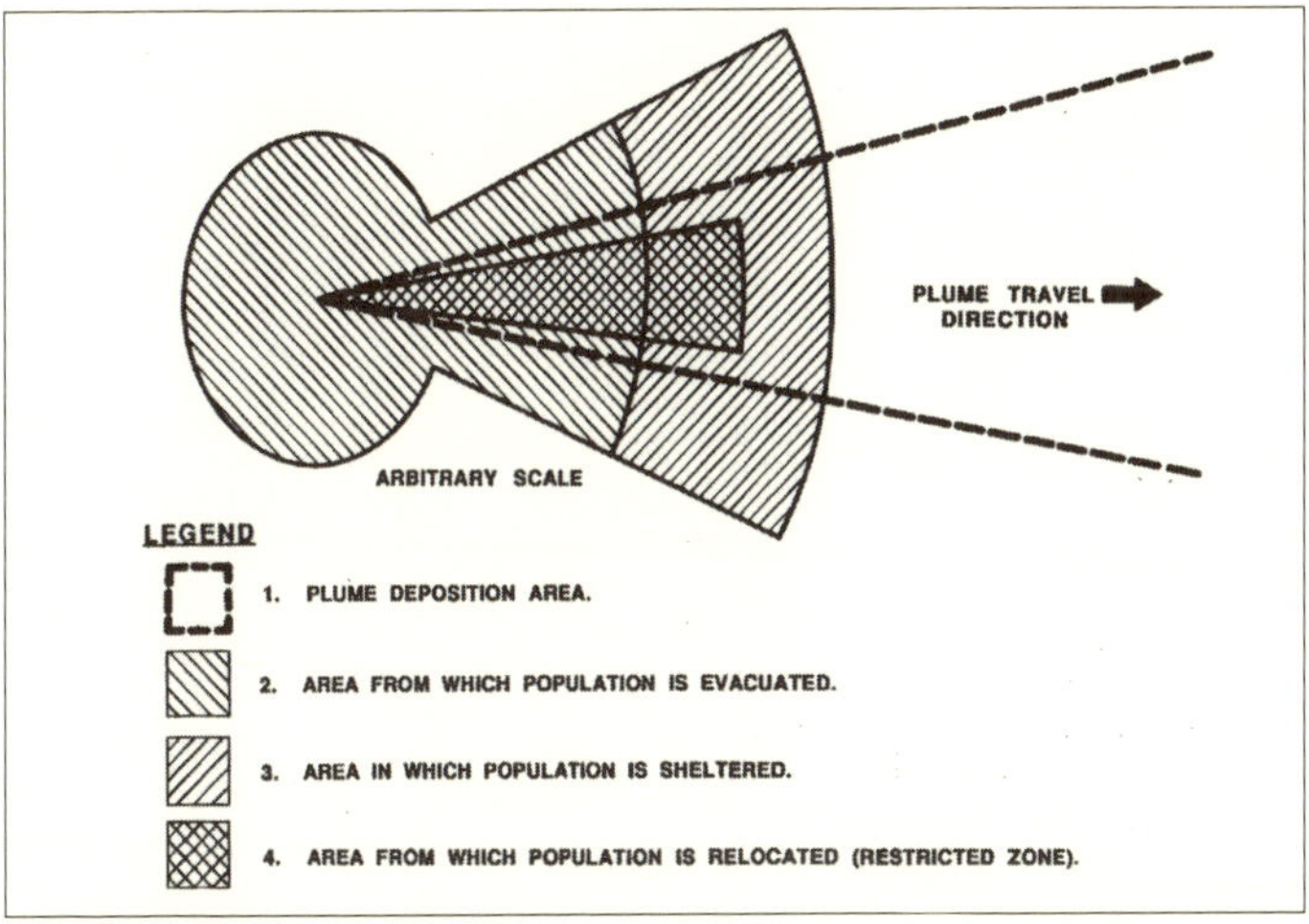

[写真26] 核事故に対する風向きに対応する即応区域〔出典:米国環境保護庁(EPA)「核事故に対する防護行動及び防護行動立案のためのマニュアル」1991年より〕

は一九九八年に国防脅威削減局（ＤＴＲＡ）が発足してからのデータ、また二〇〇一年の九・一一同時多発テロを体験してからのデータが反映されている。こうしたものを経て、先に紹介した【写真19】の市民向けパンフレットも発行されている。この大きな変化は何だろうか。なんといっても、化学・生物・核・放射能（ＣＢＮＲ）のテロ攻撃などの脅威が、軍や政府関係機関だけではなく、一般市民にとっても現実のものとなったことにその大きな特徴があるだろう。

だから、これまでの【写真26】のような抽象的な図ではなく、かなり具体的な図が盛り込まれた。核爆発を見た時点で、その規模（ＴＮＴ火薬に換算しての爆発威力）が一〇キロトン、一キロトン、〇・一キロトンと判断する。一九四六年のビキニの核実験が二三キロトン、広島が一六キロトン、長崎が二一キロトン（この広島・長崎のＴＮＴ換算の数値はＤＳ02の数値）だった。現在の通常の核弾頭が二〇メガトン（ＭＴ）といわれているから、核保有国との全面核戦争を想定したものではなく、非常に小規模の核爆発を考えていることがわかる。

立入禁止区域＝ホット・ゾーンの設定

ここでまずその場所を特定し、その規模に応じた立入禁止区域や放射能汚染区域に相当する区域を設定する。今回の福島第一原発での米軍の行動では、核戦争を想定してホット・ゾーン八〇キロ（五〇マイル）、ウォーム・ゾーン二〇一キロ（一二五マイル）を設定したようだ。事実、米大使館は二〇一一年三月一八日に福島第一原発から八〇キロ圏内を避難区域に設定し、同三月一三日に宮城沖に到着した米空母レーガンは、厚木からのヘリコプターが放射線を探知すると、まもなくすべての活動を休止して風上の二〇〇キロ沖に退避した。これも偶然ではないだろう。どんな兵士や専門家でも原子雲を見た経験はないのだから、瞬時に目で見てその規模を判断することなどできない。まずは経験的に広い範囲を設定し、そこからデータを得ながら狭めていき、正確な規模を推定するという方法をとるのが妥当なのは当然であり、今回の東日本大震災で米軍と米大使館の採った避難区域の指定もこうした考え方にもとづくものであろう。あらかじめそうした数値を決めているのだ。しかし、ここで面白いことに、一九五四年のビキニ水爆実験での米軍の退避区域とホット・ゾーンが共通しているのは偶然なのだろうか。

人への影響——元になっているのは広島・長崎のデータ

さらに核爆発というと、爆風と熱線と放射能の三つの被害が考えられる。ここでは実際に人の上に核爆発が起きた広島・長崎の被爆者の記録をもとにしている。これらのマニュアルは、実際に被爆者の写真を使って説明している。爆風による破壊。原爆を広島では「ピカ」と呼んだが、まるでもう一つの太陽があるかのようなその熱線の強さにより、ひどい火傷を負い、さらに二次的に発生する火災に追い立てられる。そして、爆発の中心を目にした人のその閃光による目の傷害も、人々の次の行動を制限してしまうことになる。

そしてもっと恐ろしいのが、放射線の被曝だ。爆発では爆心地（グランド・ゼロ／事故発生地点）

から同心円状に爆風や熱線などは及ぶが、放射線はそれだけでなく、放射能を含んだチリやホコリなどが細かくなって風とともに飛んでいく。この風をplumeと呼んでおり、こうした放射能を含んだチリやホコリを放射性降下物（フォールアウト＝fallout）と言っている。これが大変厄介なもので、今回の福島第一原発事故の際にも、二〇一一年三月一五日と二三日に関東地方南部にも降り注いだとされる。これにより、横須賀に停泊していた空母ジョージ・ワシントン（GW）は定期修理中であったが、ピュージェット・サウンドの従業員を乗せたまま横須賀を出港した。同空母の第五航空団もすぐにグアムに避難した。また、横須賀や厚木基地などでは建物以外への外出が制限され、エアコンや換気扇の換気も止められた。さらに、米軍家族らは自主避難で約一万人が日本から避難した。そして、神奈川県山北ではお茶の葉から放射性セシウムが検出され、栃木県などの乳牛の干し草からも放射性物質が見つかり、首都圏の農業は大きな打撃を受けた。さらに、東京都足立区の浄水場の水道水も汚染された［図1〈一〇七頁参照〉］。

■二四時間以内の放射性降下物（フォールアウト）

この放射性降下物（フォールアウト）はわずかな風に舞い上がり、放射能の雲となって時間とともに風下に舞い降りていく。このマニュアルによると、おおかたの放射性降下物は二四時間以内に地上に落下し、それ以外の非常に軽いものはさらに遠くを浮遊することになる。このデータはつまり、二四時間以内にある程度以上（一〇ラド／時＝〇・一シーベルト［Svh-1］としている）の危険な放射性降下物はほぼ落ち切ってしまう。それによって、核爆発や核事故の規模がある程度予想できるというわけだ。したがって、二四時間以内にいかに爆心（グランド・ゼロ）からの周辺地域の放射線を測定できるかは、その後の対策を立てるうえで重要な指標となるということになる。それ以降にデータ収集したのでは、放射線の値が減衰してしまい、正確な規模を予測しにくくなる。放射性ヨウ素の半減期は約一週間である。

今回の福島第一原発事故での最初の水蒸気爆発は、三月一三日に発生した。アメリカは三月一四日には無人偵察機での空中放射線量の測定（ＡＭＳ）を開始している。そして、そのデータを受けて三月一六日には米政府作成の「風向きモデル」を作成し、三月一八日に横田基地で在日米軍の司令官との長時間会議をもった。菅首相とオバマ大統領との電話会談は三月一七日であるから、日米の支援合意の前にアメリカは日本国内での調査活動を独自に行い、水蒸気爆発発生後二四時間以内の放射性降下物の展開状態を独自に確認していて、一六日に独自の「風向きモデル」を作成していたものと考えられる。

ここでカギを握るのが、二四時間以内という放射線測定の時間の問題だ。アメリカが事故直後からの放射線の測定に強くこだわり、三月一一日から首相官邸に米政府スタッフ（原子力工学専門家）を常駐させることを要求したり、「日本政府がこのまま原発事故の対応策をとらずにいるなら、米国人を強制退避させる可能性がある」などと「米政府首脳」の「発言」として首相官邸に伝える（朝日新聞二〇一一年五月一五日付）など異例ともいえることを繰り返したのには、こうした背景があるからだろう。

欠かせない気象情報

この放射性降下物は、空中の放射線量、つまり外部被曝だけでなく、そのチリやホコリを直接吸入し、水や野菜、食物などを通して体内に取り込んでしまう体内被曝を引き起こす。これが周辺の放射能汚染を引き起こし、数十年から一〇〇年単位の長期間にわたる多大な影響を及ぼしてしまう。これを防ぐ手立てはないが、直接雨のように降りかかってくることを予想し、予報することでシェルターや室内に入るとか、換気を遮断するとか様々な予防措置をとることはできる。

そこで重要となるのが気象予報の精度だ。どこで、どの方向に、どんな風速で吹いているのか。それと気圧配置から、今後の風向きと風速を予想する。これが非常に重要になる。日本では気象予報の精度が高く、一〇キロ・メッシュ（タテ×ヨコ一〇キロの範囲）では一時間ごとに予報することが可能だという。米軍も日本の気象予報と気象データを利用しており、軍の行動にもこの気象データは欠かせないものだ。話題になった文部科学省の緊急時迅速放射能影響予測ネットワークシステム（SPDDI：通称スピーディ）の情報も、こうした気象データを考慮してデータを公表している。こうした情報が事故後数時間以内に出されていたら、福島県の原発周辺の浪江町・飯館村などの住民避難は今回のようにはならなかっただろう。少なくとも住民の被曝は大幅に減らせたと考えられる。また、首都圏での被曝も同様だ。

早期医療ケアシステムの構想

以上のように、米国は一九四二年の「マンハッタン計画」以来、私たちには知ることのできない膨大なデータを収集してきたことがわかる。その一方で、一九八〇年代までは、核爆発や核施設の事故に対する対応は、かなりその場しのぎの対応であったことがわかる。

マニュアルには「早期医療ケア」についても述べている。核爆発が起きたときにどのように医療体制を整えるのか、これは今回の福島第一原発事故でも大きな問題の一つであった。米国ではRTRシステム（放射線トリアージ・移送・治療システム）という体系が構想されている。核爆発が発生してから、その同心円状の区域（これは深刻なダメージ（SD）、中程度のダメージ（MD）、軽度なダメージ（LD）に分けられている）からまずは離れることが必要になるが、そうした区域と、その後数時間から二四時間以上にわたって放射性降下物が降り注ぐ広範な地域から膨大な数の被災者が発生する。爆心地（グランド・ゼロ）やその周辺約八キロ圏と風下側の医療施設は機能不能となってしまう。外部から救援が入るまでには一日から数日は必要だ。それまではその地域で救難体制を組まなければならない。そこで爆心の風上に医療拠点（MC）と集合場所（AC）と避難センター（EC）を設ける。医療的ケアの必要でない自力で避難できる人は集合場所（AC）に集め、医療的ケアや緊急に手当てが必要な急患はまず医療拠点（MC）に移送する。この医療拠点（MC）は、その地域にもともとある救急病院や地域の拠点病院などである。その後、さらに専門的治療の必要な急患は移送のための専用拠点である避難センター（ＥＣ）に移送し、被災地域外の専門医療機関に移送するというシステムだ。

医療的ケアを優先し、自力で避難できる無傷の人と負傷者・急患を分けるという考え方だが、これをうまく運用するのはトリアージが欠かせないものとなるだろう。米国のように航空機の機動力のある国では、移送と治療を明確に分けるというのは一定の合理性があるが、日本のように地域の共同体や家族のつながりが強いところでは、実際にうまくいくかはわからない。実際のところ米国でも経験がない。

一貫した実験とデータ収集、独占

以上のように、マニュアルには様々で多面的なことを述べているようだが、言っていることの基本は同じことだ。核爆発が起きたら、①風上に避難しろ。そして②汚染された水や食べ物は飲むな、食べるな。③医療ケアが必要なものはあらかじめ決められている風上の医療拠点に行け。そしてその後、④平穏になったら住民の継続的な放射線量の外部被曝と内部被曝のモニタリングと除染に努めよ。さらに、⑤広島・長崎の例を挙げて、被曝しても六〇年以上生存している者もいるから過度な心配はするな、ということだ。

私たち日本人からすると、とんでもないことを言っている。被爆者がどんな苦しみを背負って六〇年以上生きてきたのか、考えてもいないようだ。広島・長崎の被曝者の医療記録を、被曝者の人権を無視し、占領軍の力に任せて原爆傷害調査委員会（ＡＢＣＣ）で記録し研究し続けた。いまだに明らかにされているデータ等はごく一部だ。そしてビキニ環礁とエニウェトク環礁での「比較」の事実からも、常に実験とデータの収集、そして独占の意図が一貫している。

8　核戦争を準備している国の危機管理（ＣＭ）演習

今回の二〇一一年三月の東日本大震災とそれにともなう福島第一原発の事故では、「海外における危機管理（ＦＣＭ）」が発動されたようだ。米国内ならまだしも、海外でも危機管理するとはどういうことだろう。当然だが、自国以外で事故や災害が起きた場合、その当事国の要請と許可なしに、米国の政府機関やその研究機関が入って情報収集することはできない。ましてや軍隊が活動するとなると、そう簡単なことではない。

しかし米国の場合、やや事情が異なる。世界最大の軍事大国であり、原発大国でもある。また、その保有する核に対する情報や知識、また専門家と専門的に訓練された軍部隊があるという点では世界で唯一の超大国である。米国自身もそのように自負しているだろう。こと核兵器や核施設の事故に関しては対抗することは許さないというのが、米政府の一貫した姿勢だ。しかし世界の核管理が崩壊し、大国でなくても核物質がテロ組織に手軽に流出し、いつでも使用されかねない状況が、冷戦構造が崩壊してから広がり、軍や政府関係施設以外の市民生活もそうした攻撃の被害に遭う可能性が高まっている。核兵器や核物質の散布などのテロ行為、原発などの核施設の事故に迅速に対応する計画・構想と熟練した実動部隊、科学者集団、技術者集団を確保し、政府機関や自治体などの行政機関をも巻き込んだ訓練と経験を積み重ね、そのノウハウと技量を高めるための「演習」が二〇〇〇年ころから米国内で行われてきた。今回の福島第一原発の事故は、そうしたなかで発生した事故でもあった。

■米エネルギー省（DOE）国家核安全保障局（NNSA）

今回の福島第一原発事故でまず特徴的なことは、米国の行動の機敏さである。そして専門性の高い科学者集団や軍部隊を抱えており、それがさらに様々な政府関係機関（一〇以上ともいわれる）が複雑に関係し合い、役務を調整し合って活動していたことである。私たちが初めて耳にする政府機関も多かった。

なかでもとくに目立った動きを見せ、私たちにも知られるようになった米国官庁が米エネルギー省（DOE）だ。その下部組織として、二〇〇〇年に国家核安全保障局（NNSA）が設立された。この国家核安全保障局（NNSA）は、核備蓄管理・核拡散防止・海軍原子炉・緊急事態管理に実働的な責任をもつ軍・民両用の政府機関である。ここが二〇〇七年に出した「放射線学危機管理 Radiological Consequence Management」という文書がある。

それによると、「国家即応計画 National Response Plan」と「国家災害管理システム National

Incident Management System」という二つの構想とシステムが、二〇〇五年までにまとめられたという。

演習は二〇〇〇年に国家核安全保障局（NNSA）が設立された年から行われた。最初の場所はロスアラモス。世界で最初に核実験が行われた因縁の場所だ。その後二〇〇三年、二〇〇四年と実施され、二〇〇六年には先に述べた「国家即応計画」などがつくられてからの全面的な演習となった。その想定されたシナリオは、「原発事故」、「核兵器を巻き込む事故」、「原子炉をもった人工衛星などの大気圏への再突入」、「テロなどによる放射性物質散乱装置の起動」、「その他」となっている。

演習の流れ

そこで報告されている演習の流れをまずみてみよう。

第一に、初動である。何と言ってもどこで、何が発生したのか。そして、その規模はどの程度なのかを知ることが何よりも迅速になされる必要がある。

第二に、場所と、何が起きているか。その規模が大まかに確定したら、次にその放射性物質がどのように周辺各地域に拡散していくかを、そのときの風向きや風速などの気象データをもとにして放射性降下物（フォールアウト）の「風向きモデル」を予想し、予報することである。

第三に、得られた「風向きモデル」にもとづいて、空中放射線を測定するために、航空機に精密測定機器を搭載してデータを収集し、放射性降下物の実際の動きと線量（主にガンマ線とヨウ素I、セシウムCsなどの核種を特定した放射線量）を地図上にのせて、時間ごとに広報することである。

第四に、この段階になると、グランド・ゼロの中心からどの方向に放射能汚染が広がっているかがわかってくるので、放射線による医学的影響を評価し、外部からの具体的援助や救援活動に向け、今度は人が入って地表面の放射線量の測定を行う。また、医学的救援と防護の方法等の具体的な活動立案で現地に援助に入る。さらに、現地での立入禁止区域や避難区域などの線引きを始める。

第五に、政府や関係機関、軍部隊などと調整して本格的な危機管理（GM）オペレーションに入る。

この演習と福島との関連性

二〇〇六年の演習をもとにして、今回の福島との関係をみてみると、以下のようになる。

第一の初動には、放射線学助言計画（RAP）と呼ばれる計画が八人のチームで行われる。そういえば、今回の福島第一原発事故では米エネルギー省の職員ら六人が事故翌日の三月一二～一三日には来日していることが確認されている（巻末資料参照）。この人たちを「第一即応者」というそうだ。彼らの任務は、放射性物質の調査とその放射線環境の性格付けだ。これを四～六時間以内に行う。そして場合によっては、放射性物質がきわめて小規模な場合には、その放射性物質の奪取・除去を実施する。

第二の放射性物質（フォールアウト）の「風向きモデル」の予想と予報では、国立大気広報諮問センター（NARAC）が活躍する。リアルタイムの放射能の大気中の移動の予報――風向きモデル予報（plume model predictions）が求められる［写真27］。この国立大気広報諮問センター（NARAC）では、世界中の気象データと地勢情報（気象データの観測と予報、地形と地表面、地図、人口）を収集し、放射能汚染地域の空中および地上汚染の予報、被曝線量の予報、防護活動の立案を行うという。そしてNARACモデルへのリアルタイムアクセスをインターネットやウェブなどの公開通信媒体や、政府機関や軍の秘諾通信（SIPRNETなどのもう一つの秘諾インターネット）を通じて行い、同時に二四時間体制での科学技術情報支援を行う。

■航空機放射線学測定システム（AMS）

第三の空中線量を測定するために航空機を使ってデータ収集するシステムを、航空機放射線学測定システム（AMS）と言っている。まずは観測

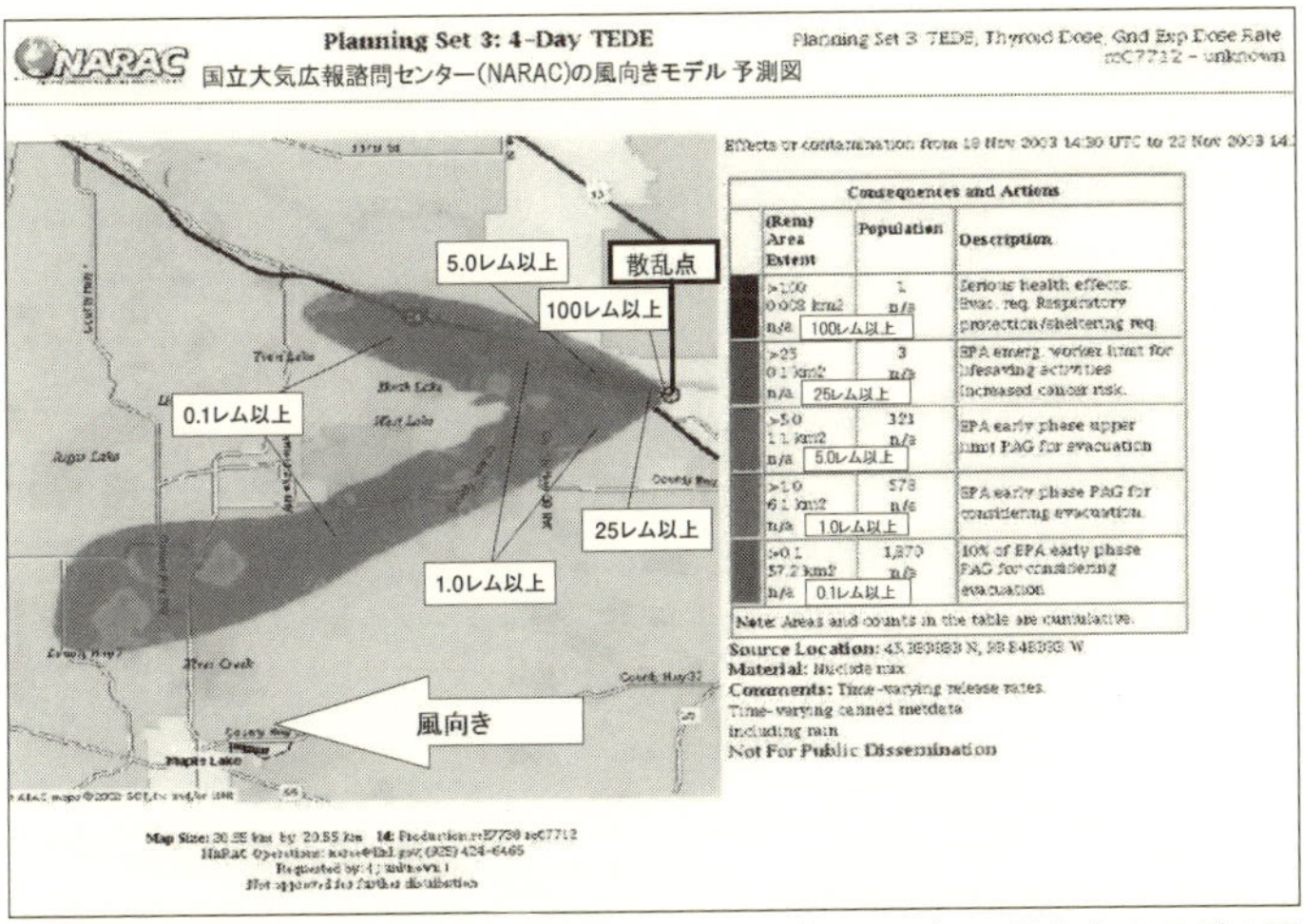

［写真27］演習での国立大気広報諮問センター（NARAC）の風向きのモデル図
2007年報告書をもとに筆者作成〔出典：米エネルギー省報告書〕

機器を搭載した軽飛行機での迅速な放射性降下物（フォールアウト）の大まかなパターンの把握と、飛行期間中の放射線量の暴露最高値の把握［写真28］。

そして次に、ヘリコプターを使用しての詳細な空中放射線量の調査と被曝線量の地図との照らし合わせを行い、最も多い放射性物質の核種のガンマ線量を把握すること。これはフライト終了後一〜三時間以内に入手できる形に分析することが求められる［写真29］。日米首脳間の電話会談ができた三月一七日以降、太平洋軍司令官と統合幕僚長の会談後最初に米エネルギー省の無人機グローバルホークが福島原発上を正式に飛行したが、あれはこのＡＭＳの一部であったわけだ［写真30］。事実、米エネルギー省はそのホームページで、日本の福島原発のＡＭＳデータを三月末から五月

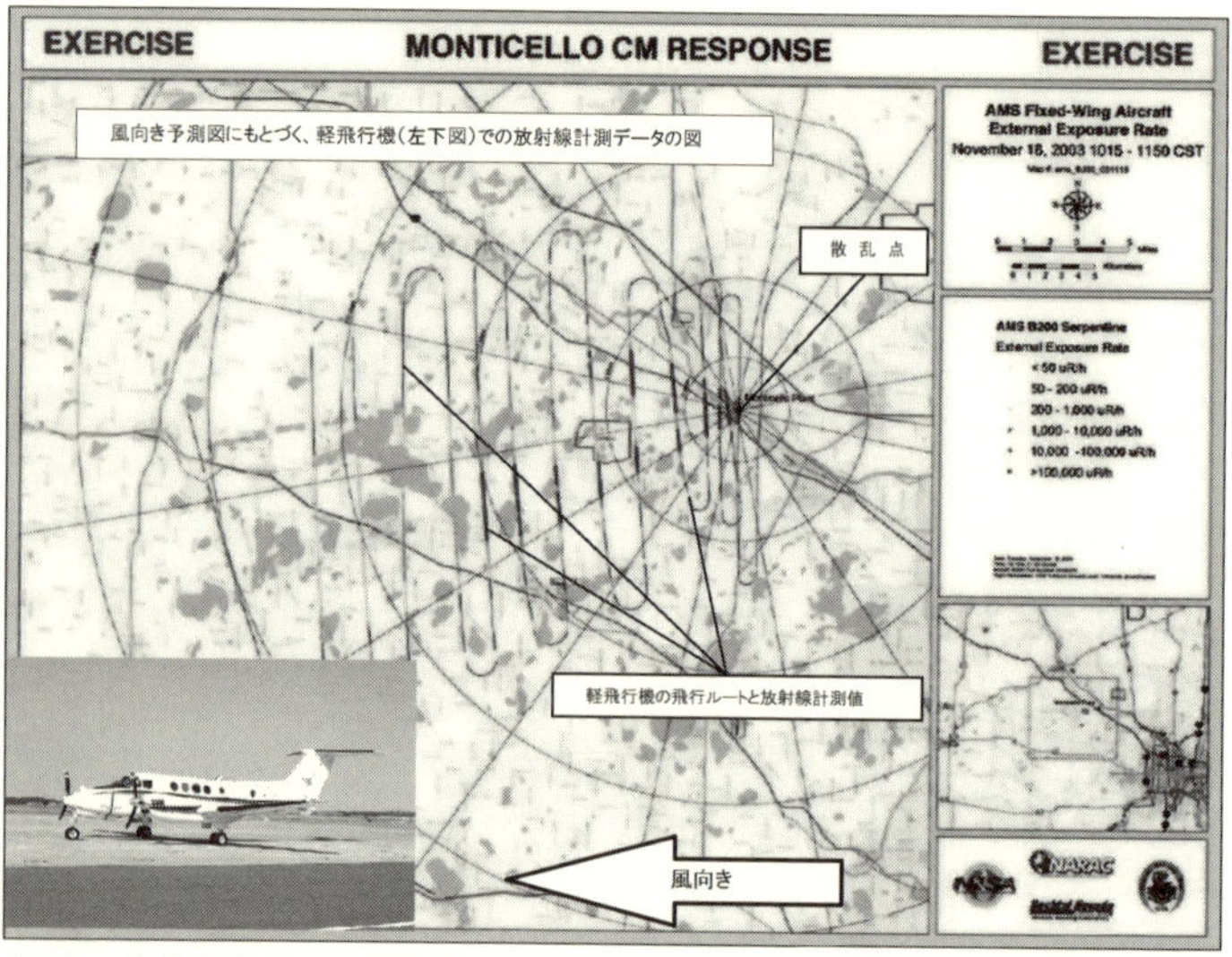

［写真28］軽飛行機での航空機放射線学測定システム（AMS）データ収集の図〔出典：米エネルギー省　2007年報告書をもとに筆者作成。軽飛行機は米空軍〕

まで幾度となく広報してきた。日本政府には同様のものはなかった。日本政府が初めて文部科学省の緊急時迅速放射能影響予測ネットワークシステム（ＳＰＤＤＩ：通称スピーディ）の存在を明らかにし、情報提供したのは七月になってからだった。

実際に人が現地に行き放射線量を測定すること

第四の現地へ実際に人が入って放射線量を測定したり、医学的評価にもとづいて救援と防護などの具体的情報提供と支援をするのは、連邦放射線学モニタリング・影響評価センター（ＦＲＭＡＣ）が主導して行い、実動部隊は軍隊が担うようだ。

このＦＲＭＡＣは、放射線非常事態時にそのモニタリングと影響評価（アセスメント）の各場面を一〇省庁にもわたる多くの政府機関や連邦政府、地方政府などの機関と調整を行い、その後の本格的な危機管理（ＣＭ）オペレーションに備える。

これには四つの段階があり、第一段階は、三一人の危機管理即応チームⅠ（ＣＭＲＴⅠ）が防護行動ガイドライン（全体像）を確認し、大まかなフィールド・モニタリングとそのデータの影響評価（アセスメント）をし、他の関係部門との調整をする。

第二段階は、三二人の危機管理即応チームⅡ（ＣＭＲＴⅡ）が、住民の避難区域と立入禁止区域を指定する権限を与えられ、広範囲にわたるフィールドのモニタリングとサンプリングを実施する。

第三段階では、危機管理即応チームⅢ（ＣＭＲＴⅢ）が食料輸送路の分析をし、さらに詳細なサン

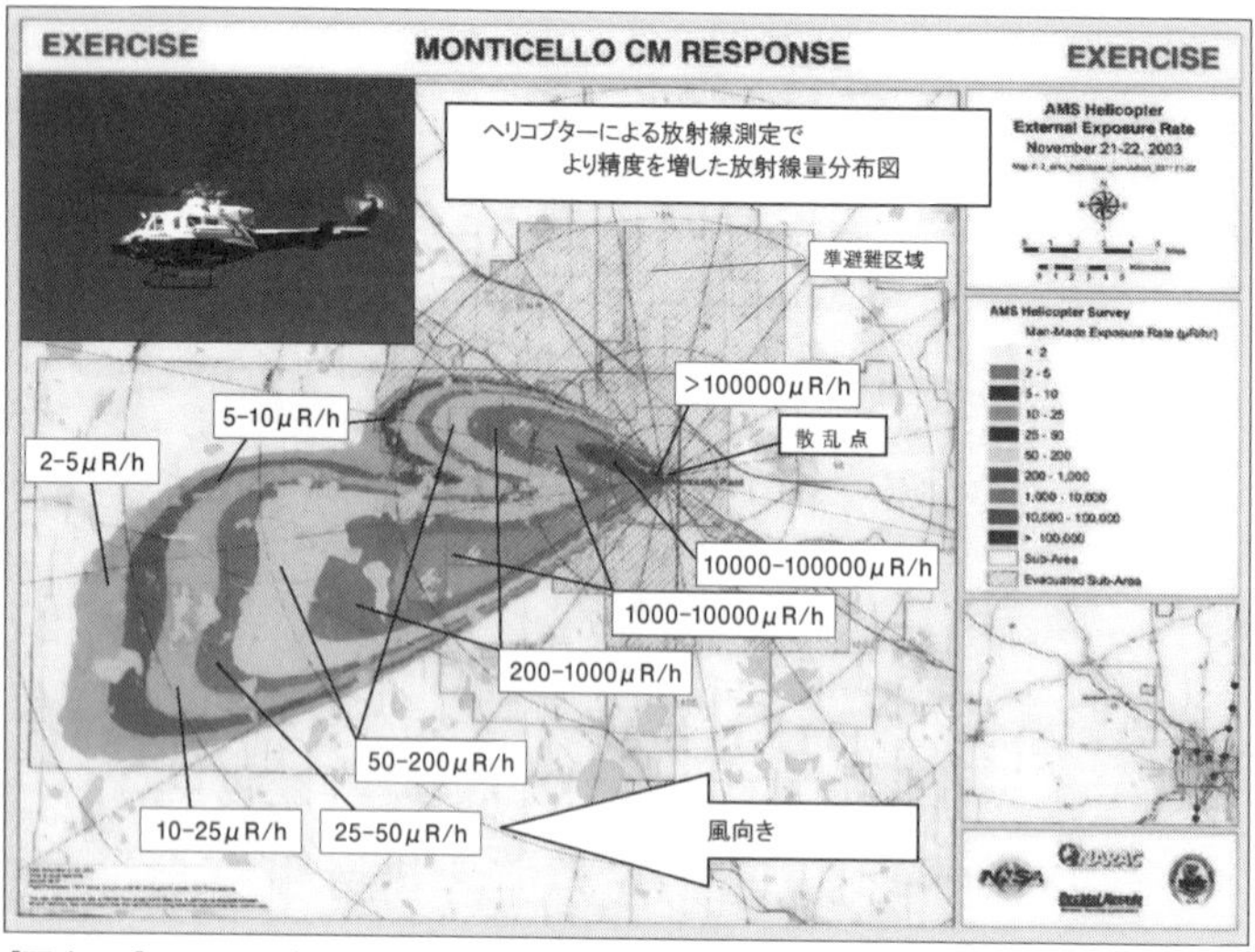

［写真29］ヘリコプターでの航空機放射線学測定システム（AMS）の図〔出典：米エネルギー省　2007年報告をもとに筆者作成。AMSヘリコプターも米エネルギー省〕

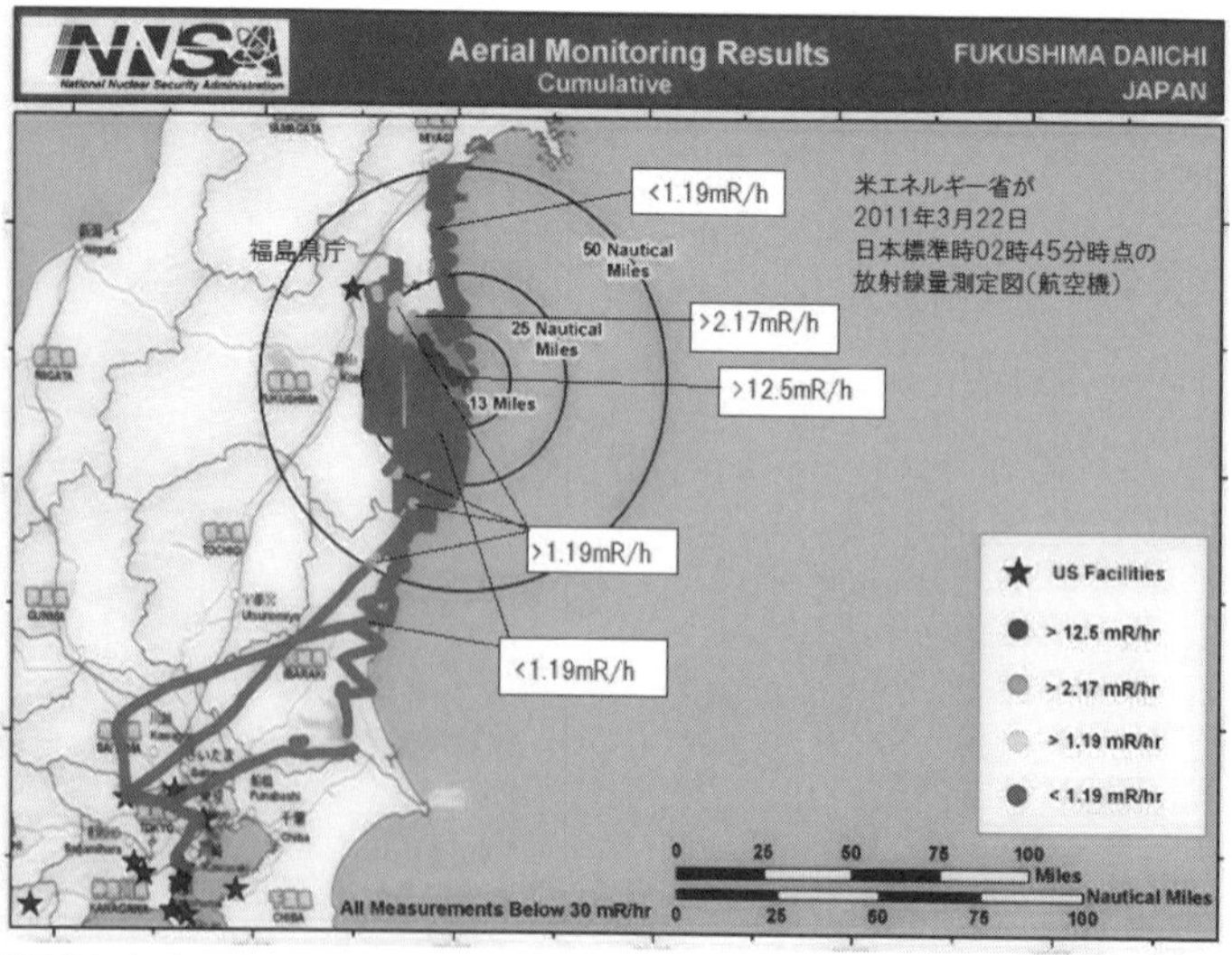

［写真30］米エネルギー省の無人機の航路とデータ図　2011年3月22日〔出典：米エネルギー省ホームページをもとに筆者作成〕

プリングと分析を行う［写真31］。福島第一原発事故でも、各地で米軍やエネルギー省による放射線量のモニタリングと資料のサンプリングが行われた［写真32］。

こうしたモニタリングとサンプリングを行っている間に、放射線緊急助言センター（REAC／TS）に所属する物理学者と保健物理学者（保健物理学者は、放射線が人体等に与える保健衛生的影響についての専門家で原発や原子炉を扱うところには必ず配置されている）は、看護師等医療従事者との三人による保健衛生問題についての相談を二四時間体制で行う。これは国連国際原子力機関（IAEA）や外国政府や物理学者に対して、また同様に連邦政府・州政府・地方自治体に専門家として保健衛生問題での相談や対応を行うもののようだ。そして、放射性事故記録システムを怠ることなく維持しながらこれを実施する。

■二四時間で危機管理（CM）オペレーションを立ち上げる

こうした細かい即応行動は、事前に訓練や経験を積まなければなかなかできるものではないだろう。そして彼らに徹底しているのは、データの分析や情報、影響評価情報を提供することであって、決定することではないということだ。だからこそデータや情報の収集、分析に専念できるのだろう。専門家としてのかなり高い判断力が求められる。

演習ではもう一つ大事なことが示されている。それは時間だ。

核物質の爆発か散乱の場所を特定するのに一五分から一時間。二時間で放射線学助言チームの展

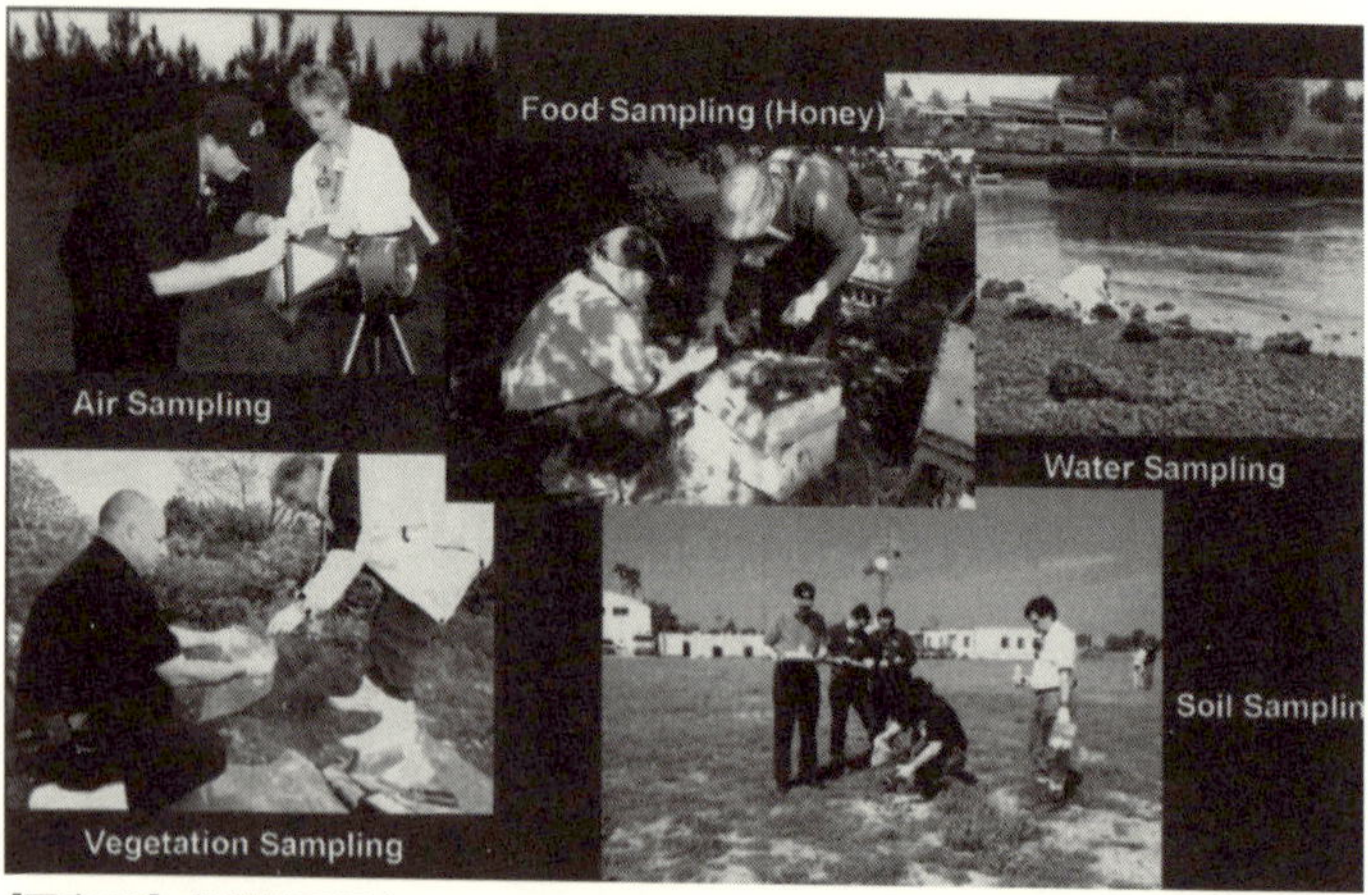

[写真31] 危機管理即応チームCMRTⅢによるサンプリングと分析〔出典：米エネルギー省2007年〕

[写真32] 仙台空港でモニタリングするAFRAT　2011年4月5日〔出典：米空軍〕

開。これを受けて、危機管理即応チームI（CMRTI）が大まかなモニタリングと関係機関との調整を行い、同時に航空機測定システム（AMS）が四時間以内に展開される。次に、立入禁止区域や避難区域を指定し、広範囲のモニタリングとサンプリングをする危機管理即応チームII（CMRTII）の展開が一二時間以内。食料輸送路の確保や詳細なモニタリングとサンプリングを実施する危機管理即応チームIII（CMRTIII）が二四時間以内。そして全体像をほぼ把握した連邦放射線学モニタリング・影響評価センター（FRMAC）が関係省庁・政府機関とともに危機管理（CM）オペレーションを開始するのが事件・事故発生から二四時間以降。相当迅速な行動とよく訓練された専門家集団がうまく連携しなければ、実際のところこのようにはいかないだろう。

二四時間以内に全体の状況を把握することが非常に重要視されていることからすると、当時の日本政府の混乱した状況に対する米政府の苛立ちがわかる。大きな相違点は、やはり常に核戦争を想定してきた国と「原発安全神話」に溺れていた国との、危機意識と事前準備の違いだろう。どちらが正しいわけではない。どちらもおかしいのだ。

■横田「トモダチ　タイムス」は二〇一一年四月一四日付が最終号

しかし今回の福島第一原発事故では、三月一六日までに在日米軍が独自に放射性降下物「風向きモデル」を作成。それをもとに一八日に在日米軍司令部で長時間会議を開き、一七日にルース駐日大使が福島第一原発から五〇マイル（八〇キロ）圏内の米国人避難勧告を出した。その後、一九日には太平洋軍司令官が横田に移動し、三月二四日に統合支援部隊（ＪＳＦ）が発足した。正式な「海外における危機管理（ＦＣＭ）」の開始となるわけだが、空母レーガン等の主要部隊は四月六日には撤収。四月一二日にはウィラード太平洋軍司令官がハワイに帰国してしまう。その間にほぼ四月から米軍による放射線量のモニタリングと資料のサンプリングが本格化し、五月まで六週間続いた。つまり、米四軍の放射線部隊の展開によるモニタリングとサンプリングは、事態が安定してから行われたということだ。

　これはどういうことだろうか。このシナリオの演習どおりに進んでいたとするならば、全体像の大まかな把握は三月一七日でできた。ないしは四月四日に北沢俊美防衛相（当時）が空母レーガンを訪問した時点までに、すでに放射線のモニタリングやサンプリングは、日本に対する「支援」としては必要なかったはずだ。だからなのか不明だが、その後の四月からの米軍の行

Tomodachi Times

One Wing, One Mission, One Cause

Volume 1, Issue 30　YOKOTA AIR BASE, JAPAN　14 April 2011

This is the final issue of the Tomodachi Times. For the latest information please tune into: www.yokota.af.mil, the Yokota Air Base Facebook page, Channel 20 and AFN .

NEWS BRIEFS

Pass & Registration Customer Support Hours:
0730-1230 - usual AW customer support
1230-1630 - DBIDS issue/registration and contractor support **only**

MPS New Hours

CDC staff cares for Yokota's children through adversity

Story and Photo by
Airman 1st Class Lynsie Nichols
374th Airlift Wing Public Affairs

Many businesses have been affected by the events of March 11, but Yokota's child development centers are pulling together to keep their operations as normal as possible for the families remaining here.

［写真33］横田基地「トモダチ　タイムス」（最終号　2011年4月14日）

動は公表されなかった。米軍の活動はボランティアでの鉄道の瓦礫撤去や清掃活動はあったが、組織的な行動は終わったと多くの日本国民が思っていた。事実、横田基地で発行されていた正式の文書「トモダチ　タイムス」は四月一四日付が最終号となっている【写真33】。

9　やはり福島にも行っていた米軍チーム

二〇一一年四月五日、米軍厚木基地で海兵隊第Ⅲ海兵遠征軍の化学・生物・放射能・核兵器（CBRN）ユニットを中心に、先に到着していた海兵隊CBIRFと合同して結成した危機管理支援部隊（CMSF）。これは総勢四五〇名以上にのぼり、今回の米軍の放射線核関連部隊では最大規模のものだ。どうやらここを起点として日本各地に核・放射能のモニタリングとサンプリングの大規模な活動が始まったらしい。しかし、その行動は不透明なままだ。

空白だった海兵隊を中心とする核・放射線部隊展開の事実

五〇〇名近い規模の部隊が小隊に分かれて、東日本各地の放射線量のモニタリングと資料のサンプリングに徘徊する。おそらくこれに米エネルギー省職員や国防脅威削減局（DTRA）職員、空軍放射能影響評価チーム（AFRAT）一〇名以上、陸軍第九戦域医療研究所（AML）の兵員一九人、他に物理学者、保健物理学者などが加わることとなるから、六〇〇名近い放射線の専門的訓練を受けた米軍・米政府機関職員らが当時、日本にいたことになる。

しかも私たち日本人の多くが、もう米軍の活動は終わったと思い込んでいた時期、この四月上旬から五月上旬にかけて米軍の放射線専門部隊は本格的に日本に展開する。仙台空港が使用可能になったとき、マスコミから仙台空港以外に米軍は展開しているのかと質問された米軍の指揮官は、仙台周辺以外はないと答えている。なぜ米軍は他の地域への自国軍の展開をあいまいにし、否定とも受け取れる姿勢を示したのだろうか。「トモダチ作戦」の主な任務の一つが放射線のモニタリングなのであるから、仙台から北の部分だけでなく、福島県内、そして福島第一原発周辺、原発事故現場そのものへの接近とモニタリングやサンプリングも行おうとするのが軍事行動としてはありうることだし、原子力関係の科学者としてはぜひともそうしたモニタリングやサンプリングを実施し、資料を収集したいところであろう。

しかし、米本国ではなく、他国での六〇〇人規模の軍部隊の展開。さらに災害救難、災害援助、災害復興などの人道支援ではなく、放射線のモニタリングとサンプリングとなると、これは情報の収集であり、人道支援とは違う。今回の東日本大震災で日本政府は、人道的支援であっても、イスラエルの軍医務官の支援を「国内法」にもとづいて断っている。たとえ人道支援であっても、誰が、どの国が来るのかということには非常に神経を使うべき問題だということを表している。

このデータの使用は第一に分析、第二に分析、そして非応答の分析だ

海軍の放射線量計（ドジメーター）は当初、その数が間に合わなかったため、四月上旬に一万三〇〇〇個の放射線量計を持ち込んだらしい［写真34］。この海軍の放射線量計は、兵士や家族、国防総省職員と契約者などに渡された。

その後、海軍衛生局長（BUMED：海軍海兵隊での医療衛生部門の最高位）名のスクリーニング調査が行われた。そこでは、いつからどこでTLD放射線量計（ドジメーター）を渡されたのか。その期間はどれくらいなのか。トモダチ作戦に参加した者はどこで、どの程度の時間、どのような役務に就役したのか。二〇一一年三月一一日からどれくらいの期間、通常勤務したのか。それは屋内か屋外か。ヨード剤の服用の有無。早期にシャワーを浴びる等の除染の有無。病歴。癌や血液疾患の有無。これまでの被曝の有無と、被曝した場合の被曝線量。こうしたことについて聞き取りを行った。さらに、このスクリーニングの目的はあくまでも分析を目的としたものであることを強調している。非応答（データについて質問や解答はしない）の分析であり、地図との照らし合わせ分析もする。そして結果は、あくまでデータの集大成として報告される、としている。個々人の被曝線量等を証明したりするものではないということだ。スクリーニングの用

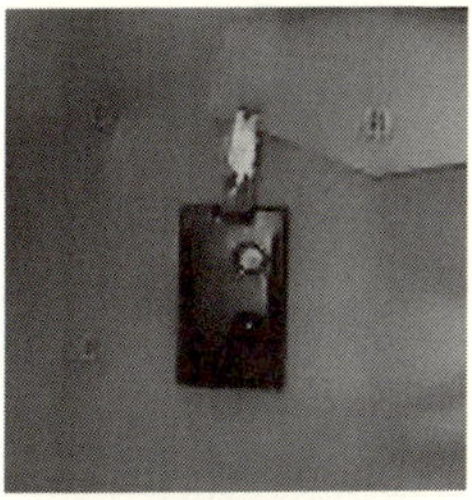

［写真34］海軍DT-702 PD TLD 放射線量計〔出典：「米海軍放射能衛生防護マニュアルNAVMED P-5055」より〕

紙には、さらに次のような注釈が記されている。「放射線リスクについて」として、「〇・〇五シーベルト（Sv）以下の被曝では、否定的な健康被害は観測されていない。」と。

■やはり福島にも行っていた

米エネルギー省は二〇一一年一〇月二一日付で、「日本の状況について」のホームページでエネルギー省と国家核安全保障局（ＮＮＳＡ）が調査したデータを公表した［写真35］。三月一五日から五月九日までに、空中放射線量で一七〇〇件あまり、空気中の放射能測定では七〇〇〇件あまり、そして土壌サンプルでは二二一件、合計すると八九〇〇件ほどのデータを収集した。三月二二日、二三日には福島第一原発から南に約九キロの富岡町に、また四月一四・一五日には今回の原発事故の中枢施設であるＪビレッジにも行って

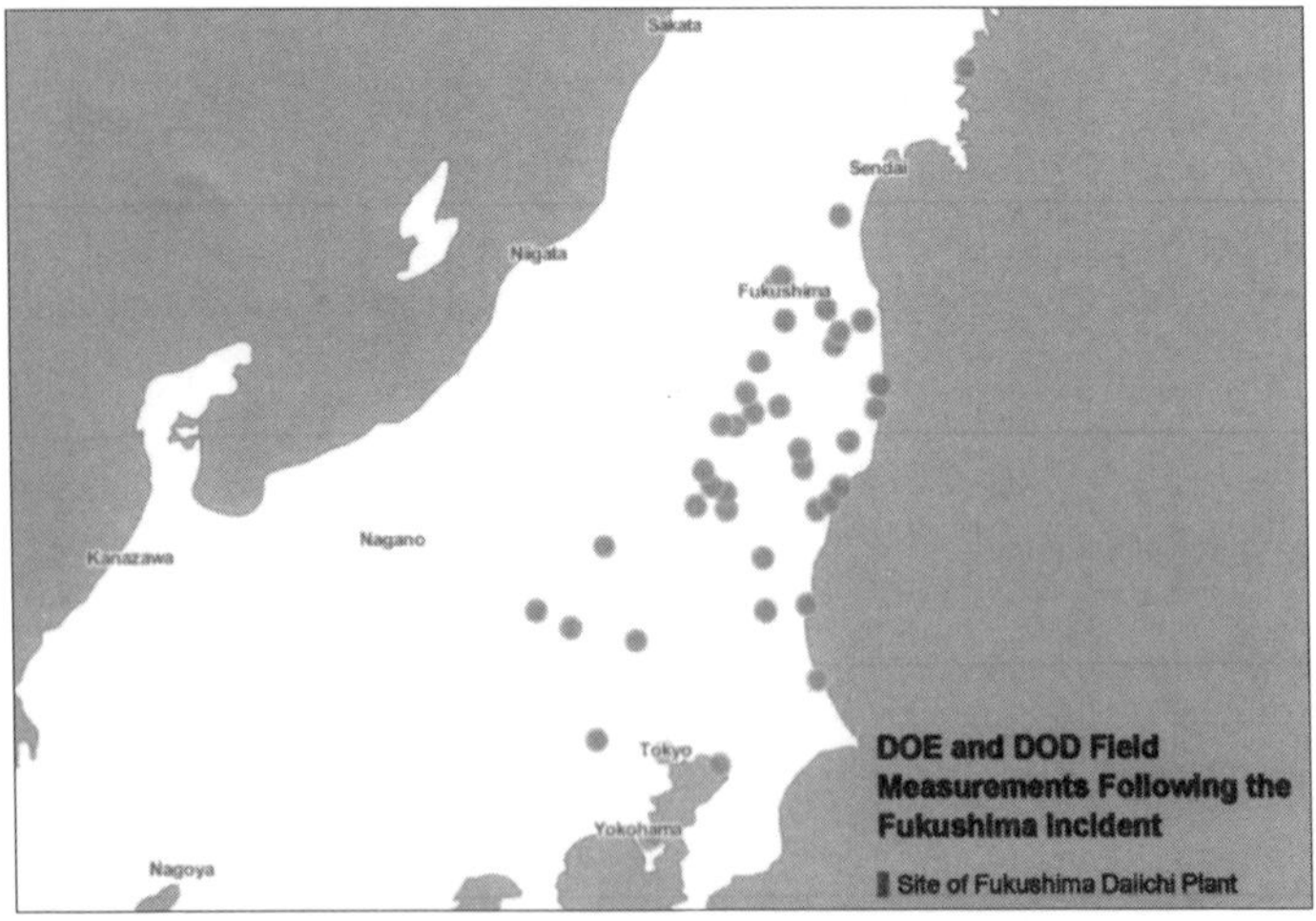

［写真35］米エネルギー省が公表した日本各地のデータ収集地点　2011年10月21日〔出典：米エネルギー省ホームページより〕

いる。福島県内ではいわき、小名浜、郡山、福島、二本松、福島空港、須賀川、猪苗代、三春町など、南では茨城の東岸の北茨城、日立、常陸太田、高萩、水戸、友部、大洗、鹿島など。千葉では、成田、千葉、九十九里、習志野、東金など。栃木では宇都宮、日光、那須、真岡、茂木、小山など。群馬では桐生、足利、わたらせ渓谷など。埼玉では、羽生、浦和など。東京では、米大使館、高井戸、八王子、横田基地など。神奈川では、座間基地、厚木基地、横須賀基地、横浜横須賀道路ＩＣ付近など。また、宮城県の古川、志津川など。福島はもちろんのこと宮城、さらには関東一円の各地を自動車専用道に沿って、あるいはそこから降りて、高い場所や広い場所でモニタリングやサンプリングを手当たり次第に行っているという状態だ。これには米軍兵士などの放射線量計のデータが含まれていないので、これに米軍独自のデータもあわせると、実に膨大なデータ量を収集していたことがわかる。

米軍放射線量計（ドジメーター）のデータ

二〇一二年九月、米軍が「トモダチ作戦の記録 Operation Tomodachi Registry」というホームページを立ち上げた。本来であれば二〇一一年一二月に立ち上げる予定のところが八ヵ月遅れたのだが、米軍の兵士、家族、国防総省職員、民間人契約者などに、日本のどこの場所で滞在、勤務していると、平均してどの程度の被曝線量になるのかを計算した値について、日本本土（北海道と沖縄を除く）を一三区域に分類し、各年齢別（大人と一八歳未満）に示して、その全身の放射線被曝量を示している。年齢別では、一八歳未満については一歳以下、一歳から二歳、二歳から七歳、七歳から一二歳、一二歳から一七歳までと、実にきめ細かいデータを収集している。全体で約七万人のデータを収集できた結果だという。

一三の区域は北から、①三沢基地（これには八戸貯油施設、三沢基地、車力通信所が含まれる）、②石巻（石巻市、空自松島基地）、③仙台（キャンプ仙台、大船渡市、仙台空港）、④山形（山形市）、⑤小山（栃木県小山市）、⑥百里基地（銚子港、石岡市、水戸市、つくば市、百里基地、成田）、⑦東京（赤坂プレスセンター、ニュー山王米軍センター、米大使館）、⑧横田空軍基地（キャンプ朝霞（陸自朝霞基地）、府中通信所、深谷通信所、大和田通信所、多摩サービスアネックス、所沢通信所、横田空軍基地、柚木通信所）、⑨キャンプ座間・厚木海軍航空基地（キャンプ座間、厚木海軍航空基地、上瀬谷海軍支援施設、相模総合補給廠、相模原住宅区域）、⑩横須賀海軍基地（吾妻倉庫区域、池子住宅区域、木更津補助施設、上陸区域、戸塚海軍送信所、根岸住宅区域、鶴見貯油施設、横須賀基地、浦郷弾薬庫、横浜ノースドック）、⑪キャンプ富士（キャンプ富士、沼津訓練区域）、⑫岩国海兵隊航空基地（秋月弾薬庫、灰ヶ峰通信所、広弾薬庫、川上弾薬庫、呉第六突堤、岩国海兵隊航空基地、祖父通信所）、⑬佐世保海軍基地（赤崎貯油施設、針生住宅区域、針生島弾薬庫区域、庵崎貯油施設、崎辺海軍アネックス、佐世保弾薬支援地点、佐世保乾ドック区域、立神係船区域、佐世保海軍基地、横瀬貯油施設）、となっている。これらの地点で活動した米兵らの放射線量計（ドジメーター）で、二〇一一年三月一一日から二〇一一年五月一一日までの記録として全身被曝量の計算値を示したということだ【写真36】。

この一三区域の区分は、たとえば仙台の区分のなかに岩手県の大船渡と仙台空港が同一の区域に含まれ、同じ数値が示されるなど、少々無理があると思われるが、部隊の配置でそのような行動をとったと考えることもできる。しかし、キャンプ富士のように、宮城などの現場に行って行動した者も、キャンプ富士で内勤していた者も同じ値の被曝線量というのは、誰が考えてもおかしなことであり、どこまで信用性があるか疑問だ。公開しているデータと、分析しているが公開しないデータとでは違いがあるのだろう。兵士・職員と家族にはあくまでも安心のためということなのだろう。

10 定点観測点が神奈川にもあった

米エネルギー省（ＤＯＥ）と国家核安全保障局

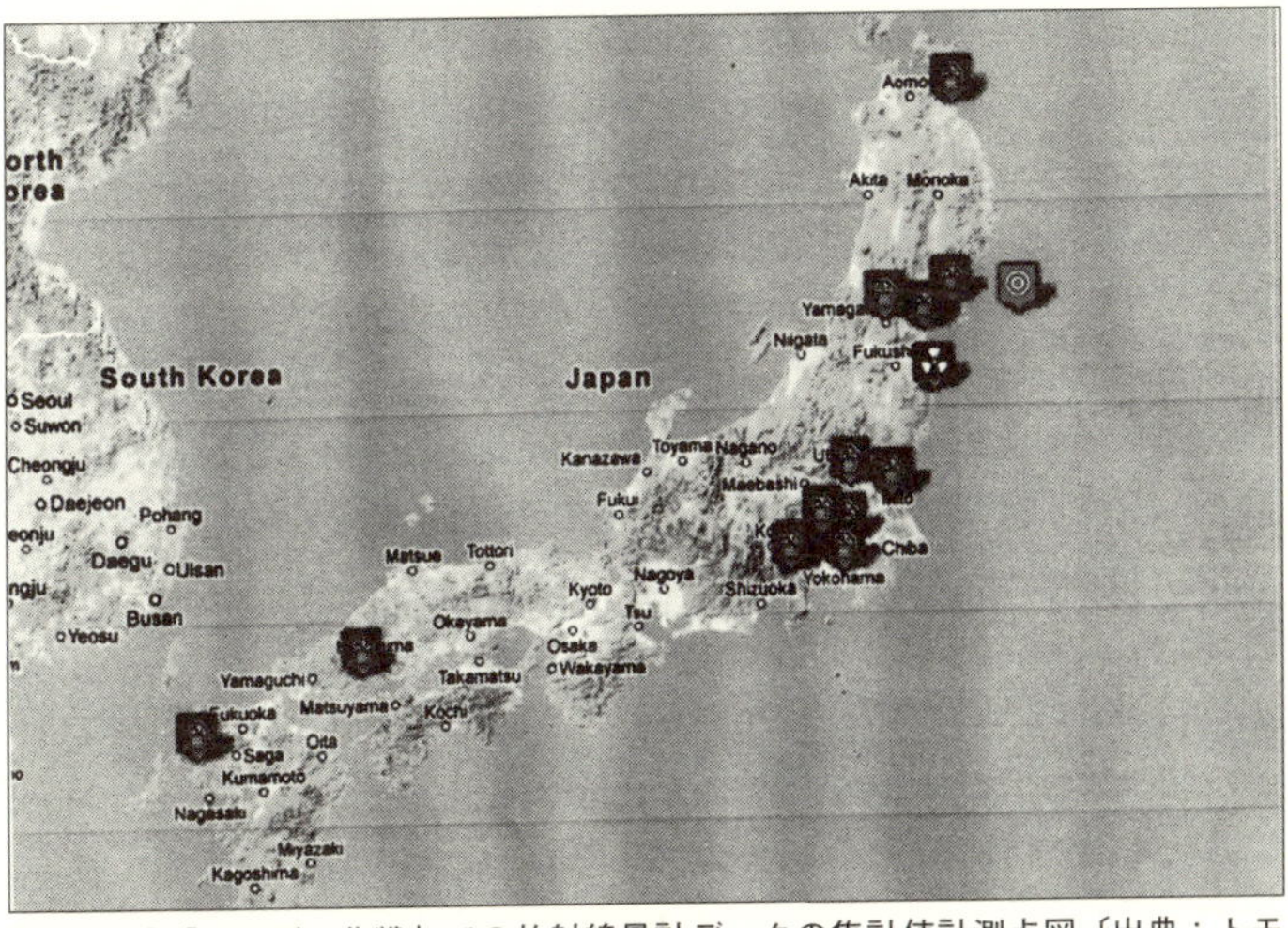

[写真36]「トモダチ作戦」での放射線量計データの集計値計測点図〔出典：トモダチ作戦の記録HPより〕

（ＮＮＳＡ）の核の専門家たちと米四軍の放射線部隊は福島第一原発事故発生以来、主要な道路沿いをやみくもにモニタリングして歩いたようにみえるが、実はそうでもなさそうだ。三月一七日には作成されていた「風向きモデル」、そして文部科学省の緊急時迅速放射能影響予測ネットワークシステム（ＳＰＤＤＩ：通称スピーディ）のデータがリアルタイムで米軍と米エネルギー省に提供されていた事実は先にみたとおりだ。彼らは日々の、また時々刻々の気象データ等を考慮に入れて風向き予測をしていた。在日米軍横須賀基地の海洋学対潜戦センター（ＮＯＡＣ）は、原発事故発生当初からその放射能や風向きなどについて監視を続け、約一〇分ごとの海洋情報の提供ができるようにしていたという。

計算されたモニタリングとサンプリング地点

先ほどのモニタリング地点をよく観察してみると、放射性降下物の降った地域とモニタリング地点がよく一致していることがわかる。東日本全域の三月の放射性降下物の広がりと比較すると、ほとんどのところが一致している【図1】。南関東への放射性降下物の降塵は、三月一五日と三月二三日に二度のピークがあったとされる。三月一三日と三月二三日に、二度の原発建屋の爆発があったからだ。このとき南に向かう風が吹いており、三月一五日は米エネルギー省職員が到着したばかりで測定が間に合わなかったが、三月二三日からはこうした放射能の拡散や風向きに対応した行動、モニタリングが行われた様子がうかがえる。とくに三月二一日から急に上昇した放射線量は、その後四月に

［図 1］福島第一原発事故の放射能の広がりと DOE ／米軍のモニタリング地点

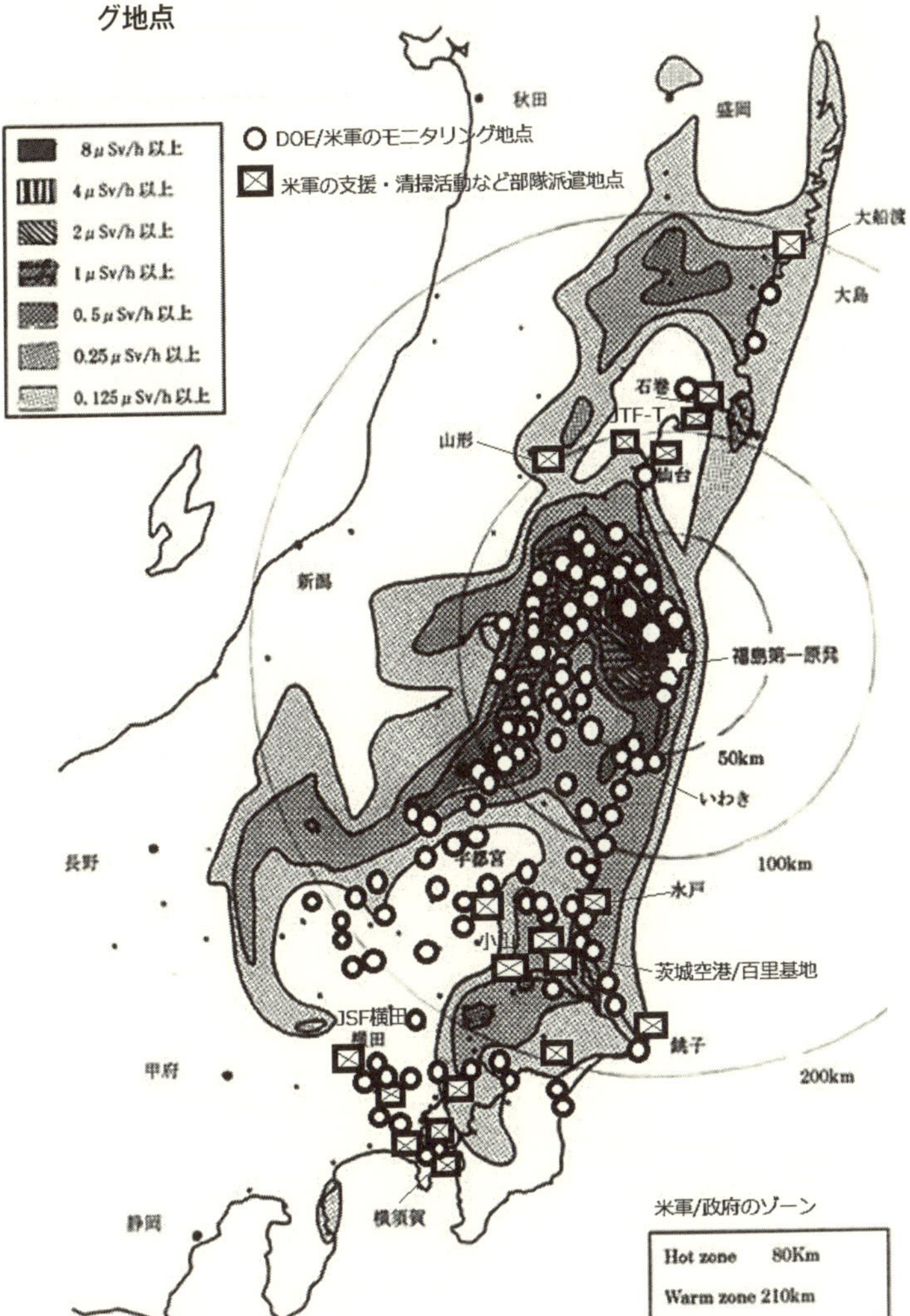

出典：群馬大学・早川由紀夫教授作成の図をもとに筆者作成。

入ってもやや高い値を示してゆっくりと推移した。これにあわせるように三月二二日と二三日には、福島第一原発の南約一〇キロと最も近い富岡町にモニタリングに行っている。また、三月二二日から四月上旬にかけて日立、水戸、鉾田、鹿島、笠間、横須賀、横須賀基地、厚木基地、キャンプ座間、宇都宮、さいたま、高井戸、日光、桐生、高崎、本庄など南関東一帯をモニタリングしている。そして風向きに合わせて、四月に入ると福島県内中通り、福島、郡山、猪苗代、須賀川、白河、二本松など、とくに郡山周辺は繰り返しモニタリングを行っている。さらに福島第一原発の北西側にあたり、最も放射性降下物降塵の多かった飯館、相馬など放射線量の高い地帯をモニタリングしている。まさに風向きを予測して行動をしなければ、このようなモニタリングの仕方はできないだろう。

大島と石巻のちがい

意外なことがある。仙台から北は、ほとんど放射線量がモニタリングされていないということだ。日米間では仙台空港から北は米軍、南は自衛隊の担当区域としていたそうだ。しかし、放射線量等の測定は、仙台空港から南、福島以南にほとんどが集中している［図1］。宮城から北部は巨大津波による被害が大きく、こうした被害に対するガレキ撤去、清掃作業が行われた。その典型的なケースが石巻と大船渡だろう。しかし、海兵隊が上陸して救援活動を始めたのは気仙沼近くの大島だった［写真37］。大島では三月二七日に海兵隊が上陸用舟艇で上陸。主力である強襲揚陸艦エセックスの第Ⅲ海兵遠征軍が最初に上陸した地点だ。ところが、ここ大島で海兵隊員は放射線量計（ドジメーター）を

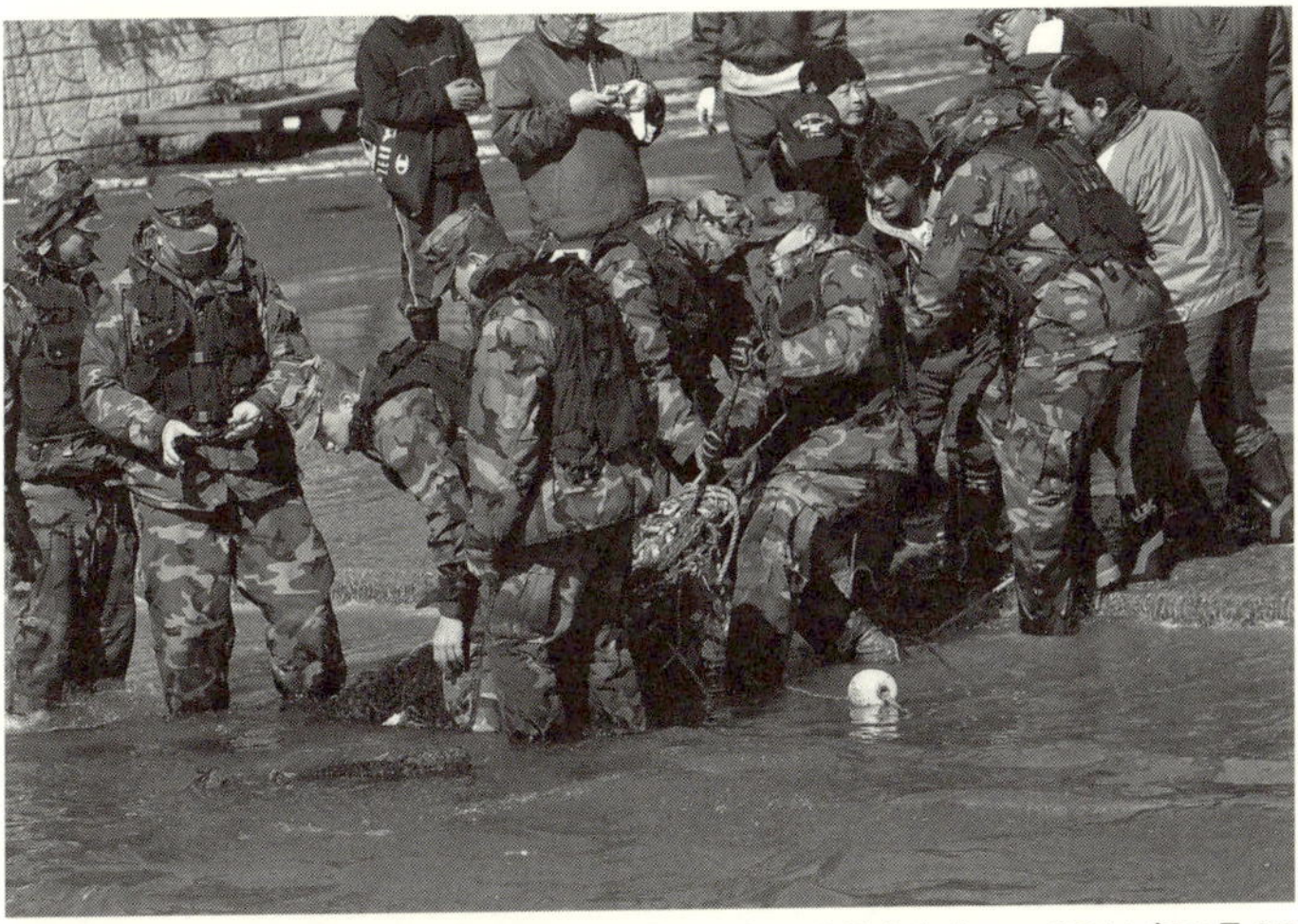

［写真37］大島の第Ⅲ海兵隊遠征軍にドジメーターは見られない　2011年3月27日〔出典：米海兵隊〕

携帯していない。一方、三月三一日に海兵隊は石巻工業高校に清掃活動に入る。ここでは空軍から借りた電子放射線量計（ＥＰＤ）をほとんどの兵士が携帯している［写真10、写真11］。このときには、陸軍第一軍団の兵士も空軍の兵士もいたようだ。やはり電子放射線量計（ＥＰＤ）を携帯している。また、陸軍の兵士は襟に陸軍のパナソニック製ドジメーター（ＴＬＤ ＵＤ-八〇二）を携帯している［写真38、写真39］。とくに石巻工業高校は地域の伝統校だ。甲子園にも出場する。テレビ局も入れての宣伝効果を期待しての清掃活動なのだろうが、その一方で、陸軍、海兵隊が多くの放射線量計（ドジメーター）を携帯してくるというこの計画性は何なのだろうか。そして大島との違いは何なのだろうか。清掃活動という人道的活動以外のもう一つの米軍部の目的＝線量計での実際の被曝データの収集が浮かび上がる。何でもそうだが、実戦経験にまさるものはない。

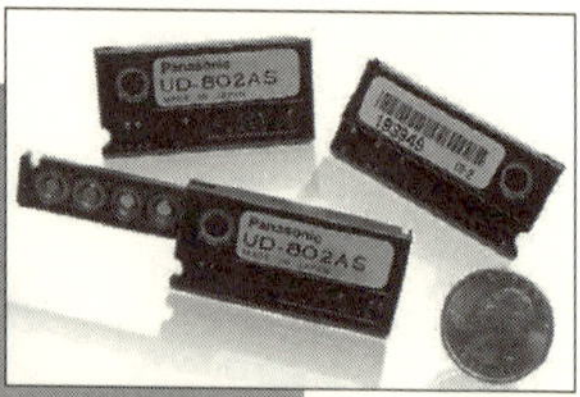

［写真38（右上）］陸軍のパナソニック製TLDドジメーター〔出典：パナソニック社カタログより〕

［写真39（左）］陸軍TLD線量計を襟に付ける陸軍兵士　2011年3月31日　石巻工業高校〔出典：米陸軍広報VTRより〕

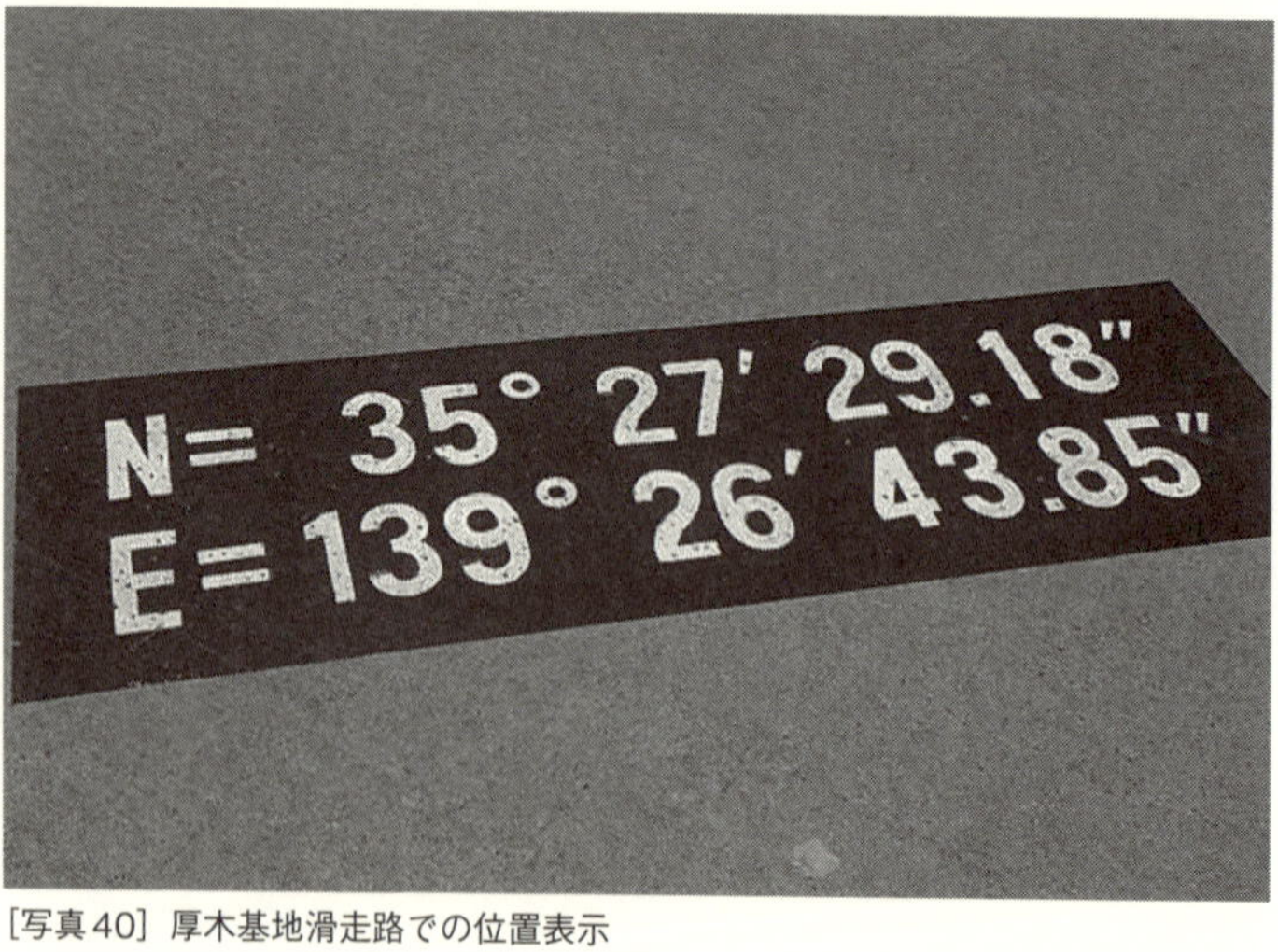

［写真40］厚木基地滑走路での位置表示

GPSを最大限に生かして

全地球的位置情報システム（GPS）、これはもう私たちの生活のなかでカーナビや携帯での測位システムなどでお馴染みだ。しかし、もともとは米軍が開発した軍事用目的の測位システムだ。だから米国が戦争などをするときには、その精度が悪くなる。

現代の戦争では、このGPSなしでは戦争ができないほど重要なものとなっている。巡航ミサイルにはこのシステムが欠かせない。これなくしては命中しない。大陸間弾道ミサイル（ICBM）も、他のミサイルも同様だ。軌道の修正をGPSに頼っている。イラクやアフガンでの戦争でも、このGPSが活躍している。どこでどんなことが起きているのか、その位置情報の確かさと速さが重要になる。空母を潜水艦から守るのもこのGPSで、コンピュータが連動することで効率的に事が進む。今回の福島第一原発事故でも、このGPSが大活躍した。国際原子力機関（IAEA）によると、福島第一原発のメインゲートは北緯三七・四一八六五五度、東経一四一・〇二三三二三度。福島第一原発モニタリングポスト1（MP1）は北緯三七・四三九八六七度、東経一四一・〇三二八八八度だ。非常に高い精度で位置が測定されている。ということは、コンピュータ化が進んでいることの証でもある。

北緯N＝三五度二七分二九・一八秒　東経E＝一三九度二六分四三・八五秒

北緯N＝三五度二七分二九・一八秒、東経E＝一三九度二六分四三・八五秒【写真40】。このように数字だけ出されても何だかわからないのは当然だ。この位置情報は、米海軍厚木基地の滑走路脇にある表示だ。地面は基本的に動かないから正確なデータだ。飛行する航空機は地球の自転に逆らったり、高速で移動するために、システムの設定が常にズレやすい。そのために位置情報の確実な地点で値を修正する必要がある。

今度の福島第一原発事故でも、このGPSが大いに活躍した。各地で測定した放射線量や放射能のモニタリングデータやサンプリングデータ、これらがいつ・どこで測定されたか。また、そのときの風向きはどの方向かという情報。とくに位置情報と時間は重要だ。風向き次第では、その放射性物質の雲がどこに向かうかの予測も成り立つ。米エネルギー省（DOE）とその国家核安全保障局（NNSA）は、国防総省（DOD）と協力して、①航空機放射線学測定システム（AMS）、②国立大気広報諮問センター（NARAC）や日本の気象庁などの気象・海洋学情報、そして③実際の地上での空中放射線量、核種ごとの放射能の量などのモニタリングとサンプリングなどによるデータを突き合わせて、時々刻々の各地でのデータを収集していたのだろう。

定点観測点が神奈川にもあった

しかし変化を追うためには、固定した場所での継続的な定点観測が必要だ。当たり前だが、日常の状態をよく観察しているからこそ変化や異常に気がつく。とくに今回のような放射線量の低い低線量下での風向きと放射性物質の移動には、微妙な変化と微妙な要因が影響することがありうるからだ。

そして、そうした場所に適しているのは、周囲の地形的影響を受けにくい場所。遮蔽する建物や山などがなく、またたとえ建物があっても、上空の風の特徴をとらえやすいところを選ぶ必要があるという。

先にみたように、今回の福島第一原発からの放射性降下物の飛散は、三月一五日と三月二三日にピークがあった。とくに二回目の三月二三日の場合には、二一日から急な放射線量の上昇が観察され、その高い状態を維持しながらゆっくりと四月上旬まで推移した。ある程度状況が安定したところで四月一二日、ウォルシュ米太平洋軍司令官（当時）が帰国。その後、四月一四日に米軍の自主避難命令の解除が行われる。この日から横須賀での定点観測が始まったようだ。それまでにも横須賀基地内住宅地区に観測点があったが、継続的なポイントではなかった。おそらくそれは海に近く、後背地が小高い丘になっているため、そうした海岸部での気象や風向きの影響を受けやすかったためであろう。

その定点ポイントとは、北緯三五・六六五五度、東経一三九・七四六四度。横須賀基地内ではない。京浜急行逸見駅から南南西に一キロほどの逸見浄水場の南側、沢山小学校の近くの東に面した小高い住宅地だ。横須賀は小高い山が多く、東京湾からの海風の影響も受けやすい。三月一五日に横須賀基地内で放射線を観測したときには、茨城、水戸、松戸、西葛西、千葉方面から北東の風に乗って、何もない東京湾を一気に南下し、東京湾岸から三浦半島の脊梁山間部を乗り越えて相模湾に吹き抜ける風があった。すると、三浦半島で北東から吹く風を受ける三浦半島中央部の山間部に近く、東側の斜面のある風の吹き抜けるところ。そうしたことを考慮して、横須賀基地を警戒するうえで重要なモニタリングポイントとしてこの場所を選んだのだろう。しかし問題は、基地外の日本の領土内の土地である。少なくとも四月一四日から四月二七日まで、このポイントは毎日のように観測がなされていた。日本政府のこうした風向き情報はいっさいと言ってよいほどなかったが、米軍は観測していた。こうした住民を守るための情報提供は、「同盟国」として日本政府、地方自治体にはなかったのだろうか。

11　一年たって、実は、実は……

米国は、エネルギー省（DOE）だけでなく、二〇一二年九月には国防総省（DOD）も「トモダチ作戦の記録」を公開した。エネルギー省のデータは、専門家たちの空中放射線量や核種ごとの放射能の量、風向き、土壌サンプルなどだ。それに対して国防総省の「記録」は、実際に兵士や契約職員、家族などが被災地域に行って活動し、あるいは各基地内に居住して各個に放射線量計（ドジメーター）を携帯して、実際の行動や生活のなかで得られた大量の放射線被曝量を算定したものであるのが特徴だ。

■放射線量計を付け投入された兵士たち──トモダチ記録計画

この「計画」は「トモダチ記録計画（プロジェクト）」といい、正式には二〇一一年七月二〇日に発表したものだ。トモダチ作戦は六月三一日に終了していた。しかし、この段階ですでに数千人のスクーリングを行っており、実質的には地震発生からトモダチ作戦が始まるとすぐ、三月一九日にはスクリーニングシートが海軍衛生局本部（BUMED－HQ）から発行されている。この三月一九日という日は、ちょうど秋田沖に到着した海兵隊強襲揚陸艦エセックスに太平洋各地からかき集められた二一名の放射線アシスタントチームが乗り込んだ（おそらく海軍の原子炉専門家たちと考えられる）日付と一致することに注目したい。放射線アシスタントチームの前線配置と各部隊への放射線量計（ドジメーター）の配布、スクリーニングの実施は、あらかじめ計画された行動といえる。七月二〇日のミッテルマン太平洋軍軍医司令官の日本訪問と各基地でのタウンホール・ミーティングは、この追認と米兵家族への協力拡大のためだったのだろう。

東日本大震災発生当初は、海軍はその放射線量計が間に合わず、空軍の電子放射線量計（EPD）を借りていたが、四月に入って一万三〇〇〇個の大量の放射線量計（ドジメーター。海軍で通常使用されているものは、先に紹介したTLD　DT－七〇二　PD【写真34】が日本に送られた。原発事故後数日でミッテルマン軍医司令官のもと、ハワイのキャンプ・スミス内に太平洋軍統合放射線衛生作業群（PACOMJRHWG）が設けられた。ここに陸・海・空・海兵の専門家が集められ、三月一九日の強襲揚陸艦エセックスへの二一名の放射線アシスタントチームが乗艦した。そして放射線衛生将校（RHO）の横須賀への派遣、横須賀海軍病院を拠点とした日本現地での放射線量計（ドジメーター）の配布計画作成と調査区域の選定、放射線モニタリングの指揮計画の策定となったわけだ。

だからこそ、きわめて高い計画性のもとで部隊の展開と放射線量計（ドジメーター）の配布は行われたと考えるべきだろう。

ウォームゾーンに展開したアトミックソルジャー

先の「トモダチ作戦の記録」の一三区分から在日米軍基地と米大使館以外の部隊の展開を拾い上げてみると、福島第一原発の北側では、仙台空港、キャンプ仙台（自衛隊仙台駐屯地）、石巻市、自衛隊松島航空基地（石巻市西部）、大船渡、山形空港、福島第一原発の南側では、茨城県水戸市、茨城県石岡市、茨城県自衛隊百里基地（茨木空港）、千葉県成田国際空港、千葉県銚子市、そして栃木県小山市が挙げられる。いずれも福島第一原発をグランド・ゼロとすると、八〇キロから二〇一キロ圏内の、米軍が言うウォームゾーンの範囲内に部隊は展開している。名目は復興支援、人道支援だが、非常によく計算された兵士そのものによる被曝データの収集だ。

先に示した「放射線学危機管理（CM）」や「核爆発対応マニュアル」に従うと、まず位置を特定してから、次にそのときの風向きに対応して放射性降下物の「風向きモデル」を作成し、さらに情報を収集しつつ、風上の最も近い安全な場所に指揮所（コマンドポストCP）を設置する。これが三月一五日の山形空港への前方活動拠点の設置だ。日本は冬型の気圧配置になると、日本海側から太平洋側に強い季節風が吹く。これを考えてのことだろう。やはり同様に、海軍の主力部隊である第Ⅲ海兵遠征軍の強襲揚陸艦エセックスとハーパーズフェリー、ジャーマンタウンが、太平洋を回らずに風下を避けて日本海から三月一九日に秋田沖に到着。ここで放射線アシスタントチームが乗り込んで細かい計画を練り上げ、グランド・ゼロの北側からの接近を図った。米エネルギー省（ＤＯＥ）は三月一七日、石巻近郊で放射線量のモニタリングを行っている。そして最初の行動が、三月二七日の三陸沖の大島への上陸だ。しかし、ここでは放射線量計（ドジメーター）の携帯はなかった。むしろ海兵隊がその揚陸能力を発揮して、孤立した島を救援しているよう演出することが目的だったと言っていいだろう。その一方で、三月二三日に海兵隊ブリラキス統合部隊上陸構成部隊司令官（ＪＦＬＣＣ）（当時）と艦隊アセスメント危機管理部隊長が厚木で放射能除染施設について相談し、二五日にブリラキス統合部隊上陸構成部隊司令官（ＪＦＬＣＣ）は仙台の事前視察を行う。そして三月三一日に、陸軍・空軍（一名）とともに石巻工業高校に清掃片付け支援に入る【写真11、写真22】。前後して、同時に仙台空港にも放射線量計（ドジメーター）を携帯して入っている。事前に入念に調査したうえで、北から徐々に南下し、ウォームゾーン（二一〇キロ圏内）からホットゾーン（八〇キロ圏内）に入り、グランド・ゼロに入るという計画だったようだ。当時の風向きから大まかに季節風の北西の風、そして北寄りの風を想定すると、最も安全なグランド・ゼロへの接近の仕方だろう。

しかし、他国の核事故で米国の兵士を危険にさらすことはできない。大量の部隊の北からの接近はここまでだ。ホット・ゾーンには公式には進入していない。これら陸・海・空・海兵の四軍の兵士の放射線量計（ドジメーター）の被曝記録は、本国や座間、横須賀に集中され、分析にかけられた。この被曝データは誰のためだろう。個々人の兵士の安全のためではない。安全のためならば兵士に情報が提供され、少しでも被曝を避ける行動をとるだろう。しかし、被曝のデータになった時点で個人の名前は消える。軍の関心はそれまでに広島・長崎・ビキニで集められ、その後の核事故などで得られた膨大なデータ群の一つになることだ。グランド・ゼロに接近する一人のアトミックソルジャーの一人の名もない被曝データが求められている。

個人の被曝を証明しない軍・政府

今回の「トモダチ作戦の記録」には、当初六万人のところが約七万人の人たちが協力するなかでデータが得られているという。これだけのデータを収集すること自体、大変な労力がかかる。たとえ組織された軍隊といえども大変なことだ。これには細かなスクリーニングと実際の行動の記録、被曝線量計（ドジメーター）の記録、そして個人の医療記録、さらに当時の実際のモニタリングの地図上の記録などをすべて総合し、照らし合わせたうえでデータ化していることだろう。それだけ今回の福島第一原発事故への関わり方は、米軍・米政府として非常に関心の高い、重要な事柄であることを示している。

今回はこれに加えて、おそらく米軍史上初めてではないかと思うが、兵士の被曝線量の概算値を公表するということが「トモダチ記録計画」のなかで行われた。なぜここまで体制を組んで、情報をむしろ積極的に公表するのだろうか。それには国内と国外に対する米国政府・軍の顔があるのだろう。

米政府・軍はこの間、国防脅威削減局（ＤＴＲＡ）や国家核安全保障局（ＮＮＳＡ）、軍放射線生物学研究所（ＡＦＲＲＩ）などの政府機関と軍の一体化した新しい部局を次々につくっている。そうしたなかで、これまで見てきたような様々なテロや災害・戦争等に対処する危機管理（ＣＭ）体制をつくり上げてきた。そして、とくに核テロ（核爆弾・核物質の散布）に対しては特別とも言える体制をつくり、そのなかの一つが米環境保護庁（ＥＰＡ）に設置された放射線ネット（RadNet）と呼ばれる、米全土にわたる放射線モニタリングシステムである【写真41】。全米に五二カ所の常設モニタリング地点を置き、リアルタイムの放射線モニタリングデータを情報として公表している。これはネットワーク上で住所や郵便番号などを入力すると、その地点から指定の半径

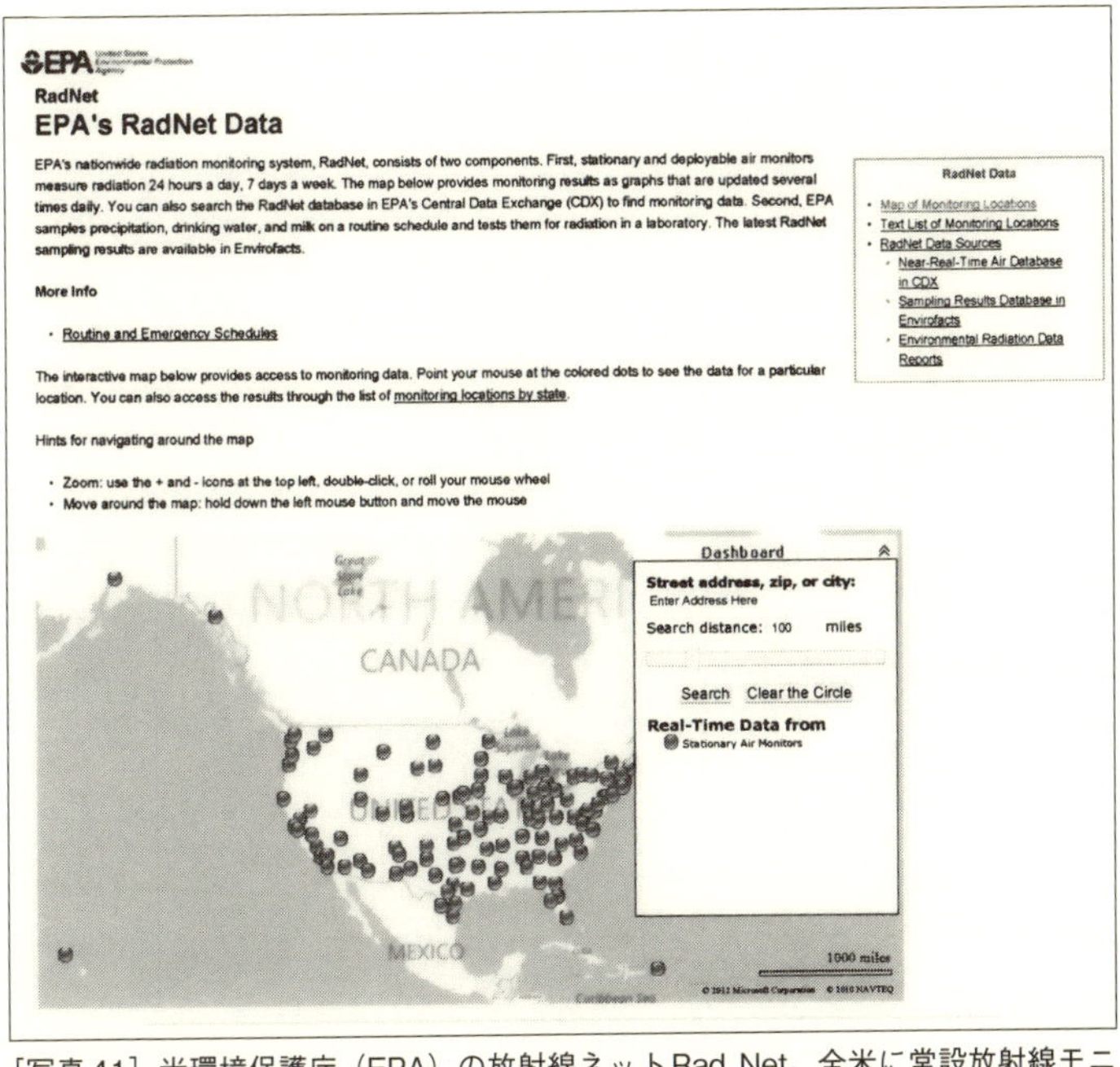

［写真41］米環境保護庁（EPA）の放射線ネットRad Net。全米に常設放射線モニタリング地点がちりばめられている〔出典：EPAのHPより〕

圏内（たとえば一〇〇マイル）における現在の放射線情報と過去の放射線情報を誰でも見ることができる。こうした国内体制のなかで、市民に対するネット上のリアルタイムの情報提供は当たり前のことになっているのが実情だ。また、こうした迅速なモニタリング体制を国内にネットワーク化することで、いつ来るかわからない〝危機〟に対応しようとしている。国外に向けては、世界中の放射線や飛散する放射能の異常値をリアルタイムで監視する能力を持っていることでもあり、米国の世界的な放射能監視網の誇示にもなっている。

しかし疑問もある。ここまでのネットワーク体制を確立し、リアルタイムのモニタリングまで行っておきながら、なぜ東日本の被災地に出向いて活動した米兵や米軍契約者など個人の被曝線量を軍・政府として証明しないのだろうか。個々人の具体的な被曝データを「記録」しておきながら、それが被曝した個々人に生かされていない。これでは、被災地に赴いて被曝した兵士や軍契約者、政府職員の人権はどうなるのだろうか。これがアトミックソルジャーの宿命というものなのだろうか。割り切れない思いがする。

学校から支援の要請はしていない

かねてから率直な疑問があった。大規模な津波によって、仙台、相馬、石巻、南三陸、大船渡、陸前高田、気仙沼、女川、釜石、宮古、東松山、塩釜など、手もつけられないほどの被害を受け、一刻も早い復旧が求められる学校や公共施設があったはずなのに、なぜ石巻工業高校に最も規模の大きな部隊を送り込んで清掃支援をしたのかという点である。そこで一年経ってから、筆者は石巻工業高校に出向き、このことについて聞いてみた。あいにく学校は休みだったが、警備員さんが対応してくれた。すると、「学校からは要請していません」という意外な答えが返ってきた。県から要請があったので受け入れたのだという。この学校では地震の時、津波のせいで隣の川が増水し、一時は一二〇センチほども泥水に浸かった。液状化も激しく、グランドはもちろん、一階部分の体育館やコンピュータ室、事務所なども泥だらけになった。二日もすると水が引き、学校関係者で後片付けに入っているところに連絡があったという。

さぞかし人出がほしくて、大変な状況だったのだろうと想像していたが、自力で大方の片づけは終わったところへ米軍（海兵隊が中心）が放射線量計（ドジメーター）を携帯してやってきたということになる。

一年経って、実は、実は……

震災と原発事故から一年経って、知らなかった事実が次々と明らかになってきた。石巻工業高校の一件もそうだが、仙台空港に関わってもある。三月一六日、仙台空港に米軍の最初のC一三〇輸送機が着陸したが、それまでに仙台空港の滑走路は津波の被害を受けてガレキの山だった。私たち日本人は、米軍はここ仙台空港にいち早く注目して部隊を送り、滑走路のガレキを撤去。すばやく使える状態にしたと思っていたが、事実はそうではないらしい。事前に日本の業者（前田道路。国土交通省が契約し、三月一二日には現地に入って作業を開始していた）が仙台空港のガレキ撤去と滑走路の整備を請け負い、米軍が来るまでに滑走路の復旧は終了していたというのだ（半田滋『三・一一後の自衛隊』岩波書店）。そしてその後、仙台空港の管制権はしばらくの間、米軍の管制下に入る。日本側に管制権が戻ったのは四月五日だ。戦争状態でもないのに、半田氏は「占領軍のような行動がとられたことになる」と指摘している。また同氏によると、陸自幹部から「災害派遣された自衛隊の任務にガレキ除去はない。民間業者の仕事を奪うような活動はできないからです。」という発言が聞かれたという。

北―宮城と南―関東のちがい

先ほど、宮城県で米軍は、各兵士に放射線量計（ドジメーター）を携帯させて南下し、仙台空港へと至るという行動をとったことを述べた。さらにそれは、現地の人が要請もしないのに緻密で計画的に行われ、ガレキや汚泥の片づけをしながら、胸や肩、襟に付けた放射線量計（ドジメーター）で被曝データを収集していた。私たち日本人は、誰もそれに気づかなかった。

では、南部の関東地方における米軍の活動はどうなのだろう。風上側からグランド・ゼロに接近していった北側に対して、南側からの接近は特異だ。米エネルギー省（ＤＯＥ）が横田と米大使館以外の地点で放射線量のモニタリングをしたのは、三月一六日の茨城県水戸市が最初だった。当然、その南部にあたるグランド・ゼロから二五〇キロ圏内に米軍基地が集中しているから、それへの影響を測るためだ。すでに三月一五日には横須賀で放射性降下物による放射線を観測しているから、水戸にモニタリングに入った段階ですでに関東地方は風下になるだろうことは、十分に認識していたはずだ。風下から、しかも成田と自衛隊百里基地は別にしても水戸市やつくば市、銚子市、小山市などは米軍や自衛隊の基地もなく、大量の人的支援が必要な被害が出たという報道もない。もちろん、米軍がこうした場所に展開していたという日本での報道も、米軍みずからの報道も見かけない。あれほどマスコミの使い方が上手な国が、人道支援ということで出向いているはずなのに、なぜいっさい公表されなかったのだろうか。

風上から、風下から

米国という国は、活動を評価する国だ。関東地方は今回の東日本大震災で非常に大きな揺れに見舞われ、多くの家屋、とくに重い瓦屋根の頂上部がズレたり外れたりする屋根の損傷が数多く見られた。しかし、大規模な倒壊や損傷は、水戸の学校の校舎が倒壊したのと、茨木空港ターミナルの屋根の吊天井の落下がよく知られているだけだ。茨城県日立市では震災後、六割以上の瓦屋根の家屋が屋根の損傷を被った。被災後、一番要望が多かったのが屋根の修理と瓦職人だ。軍隊ではない。全体の屋根の修復に、ほぼ一年半ほどかかった。そう考えると、関東での米軍部隊の展開は、被曝データを集めるために放射線量計（ドジメーター）を携帯して被曝しにいくことが目的だったとしか言いようがない。

今回の福島第一原発の事故は、なかなか米国のマニュアルどおりにはいかなかったようだ。まず、自国の核事故ではないということ、そして風向きが様々な方向に変わり、場所を移動できない在日米軍基地や米大使館が、一時的ではあっても風下になってしまったということだ。もし、このまま第三の原子炉のメルトダウンと水蒸気爆発が発生していたらどうなっていただろう。

原子炉のメルトダウンが続いていたら

私たち日本人はよく知っているように、とくに夏に特徴的だが、関東から東北の太平洋岸一帯は冷たい北東風が吹く。これは「やませ」と呼ばれ、かつてはよく稲の冷害をもたらした。この北東の風に乗って放射性物質が運ばれ、首都圏とそこに立地する横田、厚木、横須賀、座間などの在日米軍基地と米大使館は移動を余儀なくされる事態になっていたであろう。そうなると日本に展開する米兵力は沖縄と三沢、岩国、佐世保だけになり、中枢としての司令部機能はハワイに撤収するしかなくなっていたかもしれない。それは数ヵ月などといった短い期間ではない。一年か数年、汚染の程度では数十年にわたっての撤収になる。そんな事態が予想された。もちろんこのような事態になれば、日本の首都機能は東京では維持できなくなるという、国家の崩壊につながる〝危機〟となっただろう。

こうしたことを考え合わせると、関東地方での米軍の放射線量計（ドジメーター）を携帯しての被曝線量データ収集には、ある特徴が見て取れる。宇都宮あたりを東西の分かれ目とすると、東の茨城県側にほとんどすべての部隊が配置されたが、西側は小山を除いて配置されなかったという事実だ。

これはちょうど、[図1]で示した放射性降下物の広がり方とうまく一致する。東側にはそれなりの量が降塵したが、西側は微量であった。放射線量の多かった東側に、放射線量計（ドジメーター）を携帯した米軍部隊は集中している。いわばこれは、南関東に展開する在日米軍基地群の風上（事故原発のグランド・ゼロからは風下）の防護壁、楯の位置にある。予期される放射性降下物の次の段階での放射能汚染と実際の被曝データについて、兵士を風上に向かわせることで収集するという、米軍や米政府機関からすると非常に貴重なデータ収集だった。しかし、私たち日本人からすると、そこに兵士を投入して被曝させること自体が無謀な、兵士という生身の人間を使ってのデータ収集であったと言える。

■そして「分析」は進む

二〇一一年六月二六～三〇日に、第五六回米保健物理学会の定期総会が開かれた。ちょうど「トモダチ作戦」が終わろうとしていた時期だ。保健物理学者は、原子力発電所や海軍原子炉などに必ず配置されている専門家だ。ここでは「特別セッション」として、福島第一原発事故に関わることがたくさん報告され、議論された。そのうちのいくつかを取り上げると、以下のとおりである。

＊「米エネルギー省の役割——連邦の頭文字Fを除いた連邦放射線学モニタリング・影響評価センター（FRMAC）」

＊「日本の即応事態下での航空機測定システム（AMS）データ分析の挑戦」

＊「フクシマからの米環境保護庁（ＥＰＡ）放射線ネット（RadNet）データについて」

＊「非常事態下での環境影響評価――これは訓練ではない」

＊「軍事作戦下での放射線量計支援」

米政府機関が専門家を投入して、かなり具体的に福島第一原発事故の影響を調査していたこと、この事故を通じて、米国内の訓練で行ってきた実践について実際の事故現場での経験とデータなどから検証しようとしてきた様子がわかる［写真42］。

ちょうど一年を経過した二〇一二年三月には、一周年を記念して米軍放射線生物学研究所（ＡＦＲＲＩ）主催の「軍事的医療作戦シンポジウム：福島第一原発事故に対する米国の役割」が開催された［写真43］。ここでもその報告のいくつかを取り上げてみよう。

＊「福島第一原発事故に対する国防脅威削減局（ＤＴＲＡ）・危機管理助言チーム（ＣＭＡＴ）の役割」

＊「福島第一原発事故に対する軍放射線生物学研究所（ＡＦＲＲＩ）・軍事的医療作戦（ＭＭＯ）の役割」

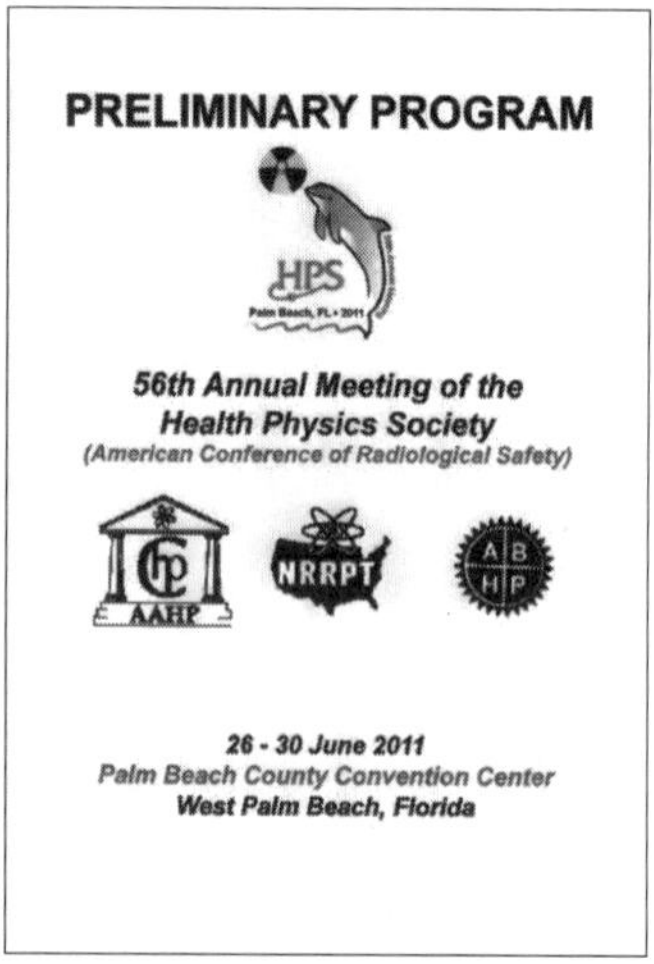

［写真42］2011年6月にさっそく開かれた米保健物理学協会シンポジウムのパンフレットの表紙

＊「米陸軍公衆衛生軍団のトモダチ作戦への支援」
＊「トモダチ作戦——第Ⅲ海兵遠征軍の即応性」
＊「トモダチ作戦に対する米空軍放射能影響評価チーム（ＡＦＲＡＴ）の能力と役割」
＊「トモダチ作戦への陸軍第九戦域医療研究所の支援」
＊「環境モニタリング、福島第一原発事故——国防総省職員と家族の被曝線量収集計画の依頼」
＊「トモダチ作戦の記録」

日本に投入された陸・海・空・海兵の核専門部隊や政府機関が報告をし、締めくくりには米空軍第三七四医療群司令官

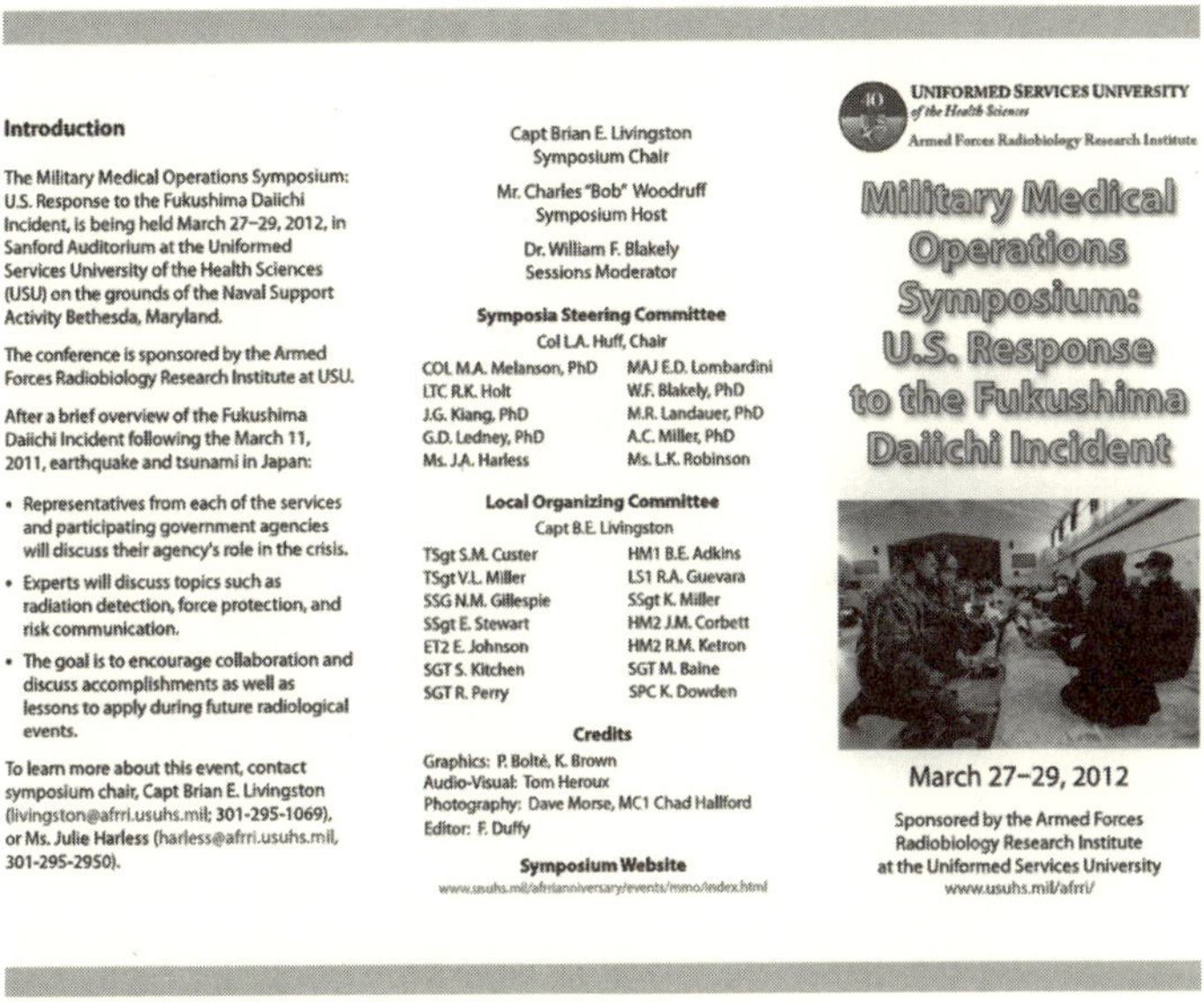

Introduction

The Military Medical Operations Symposium: U.S. Response to the Fukushima Daiichi Incident, is being held March 27–29, 2012, in Sanford Auditorium at the Uniformed Services University of the Health Sciences (USU) on the grounds of the Naval Support Activity Bethesda, Maryland.

The conference is sponsored by the Armed Forces Radiobiology Research Institute at USU.

After a brief overview of the Fukushima Daiichi Incident following the March 11, 2011, earthquake and tsunami in Japan:

- Representatives from each of the services and participating government agencies will discuss their agency's role in the crisis.
- Experts will discuss topics such as radiation detection, force protection, and risk communication.
- The goal is to encourage collaboration and discuss accomplishments as well as lessons to apply during future radiological events.

To learn more about this event, contact symposium chair, Capt Brian E. Livingston (livingston@afrri.usuhs.mil; 301-295-1069), or Ms. Julie Harless (harless@afrri.usuhs.mil, 301-295-2950).

Capt Brian E. Livingston
Symposium Chair

Mr. Charles "Bob" Woodruff
Symposium Host

Dr. William F. Blakely
Sessions Moderator

Symposia Steering Committee

Col L.A. Huff, Chair

COL M.A. Melanson, PhD	MAJ E.D. Lombardini
LTC R.K. Holt	W.F. Blakely, PhD
J.G. Kiang, PhD	M.R. Landauer, PhD
G.D. Ledney, PhD	A.C. Miller, PhD
Ms. J.A. Harless	Ms. L.K. Robinson

Local Organizing Committee

Capt B.E. Livingston

TSgt S.M. Custer	HM1 B.E. Adkins
TSgt V.L. Miller	LS1 R.A. Guevara
SSG N.M. Gillespie	SSgt K. Miller
SSgt E. Stewart	HM2 J.M. Corbett
ET2 E. Johnson	HM2 R.M. Ketron
SGT S. Kitchen	SGT M. Baine
SGT R. Perry	SPC K. Dowden

Credits

Graphics: P. Bolté, K. Brown
Audio-Visual: Tom Heroux
Photography: Dave Morse, MC1 Chad Hallford
Editor: F. Duffy

Symposium Website

www.usuhs.mil/afrrianniversary/events/mmo/index.html

UNIFORMED SERVICES UNIVERSITY
of the Health Sciences
Armed Forces Radiobiology Research Institute

Military Medical Operations Symposium: U.S. Response to the Fukushima Daiichi Incident

March 27–29, 2012

Sponsored by the Armed Forces Radiobiology Research Institute at the Uniformed Services University
www.usuhs.mil/afrri/

［写真43］米軍放射線生物学研究所（AFRRI）の2012年3月開催のシンポジウムのプログラム

であり、在日米軍司令部医務官、第五空軍司令部医務官のリー・ハービス大佐（当時）が「米日間の統合支援部隊（ＪＳＦ）軍医部の概要について」と題して講演を行った。また、海軍衛生局（ＢＵＭＥＤ）副長のミッテルマン海軍少将（当時）は「トモダチ作戦――太平洋軍司令部からの見通し」と題して基調講演を行った。ミッテルマン少将は、陸・海・空・海兵の放射線部門を集めて設置された太平洋軍統合放射線衛生作業群（ＰＡＣＯＭＪＲＨＷＧ）の責任者であり、在日米軍に放射線学にもとづく指導・助言をし、二〇一一年七月には「トモダチ記録計画」を発動した人物だ。

12　被曝データ独占大国アメリカ・被曝大国日本

一九四三年、米国の極秘計画であった「マンハッタン計画」から始まった核兵器開発は約七〇年間、原爆・水爆・核兵器の開発からミサイルの開発、大陸間弾道弾（ＩＣＢＭ）や戦略爆撃機の開発、見えない戦略潜水艦（ＳＳＢＮ）、水中発射弾道ミサイル（ＳＬＢＭ）をはじめとする数々の原子力艦船の開発、そしてより使いやすい核兵器としての巡航ミサイルの開発へと突き進んだ。保有量、技術水準、世界的な展開能力において他国の追随を許さないのが米国だ。しかしその一方で、完全に一方的な兵器の開発などありえず、一九四九年八月二九日の旧ソ連による原爆開発以来、常に核戦争・核攻撃の脅威を抱き続け、つくり続けてきた国でもある。

核戦争を戦い抜くには被曝を知らなければならない

強力な兵器は、さらにそれを上回る強力な兵器の開発を促す。兵器開発競争に勝ち抜くには、そうした技術を独占し、さらなる開発を進めなければならない。しかし、そんなことを永遠に続けることは不可能であり、国の経済力はやがて限界に達する。これはいままでの歴史の必然である。しかし、核兵器を保有した以上、核兵器での攻撃に備えなければならず、また一方で、核兵器ですべてが解決するわけではないから、軍事的にはその爆心地に上陸して相手をせん滅しなければならない。被曝を恐れずに一定期間を闘い続ける兵力と、それに見合うだけの重厚な装備がなければ、兵士は行軍しない。つまり、被害・攻撃を受けた時に兵力を立て直し、国民を鼓舞できる国力を維持できるかどうかを見極めなければならず、被害の程度を正確に予測する必要がある。その一方で、核兵器での攻撃を仕かけた場合にも、その核戦場に入って相手をせん滅するためには、一定の被曝は避けられない。だからこそ被曝はどのように発生し、どのように変化していくのかを知る必要があるし、そのためにはどのような基礎的データ（気象・風向き・温度・地質・地形・地勢・人口・産業・交通網・ライフラインなど）が必要なのかを知る必要がある。そして厄介なのは、その後何年間、水や食料を外部から供給しなければならないのか、その予測と調査体制を維持することが必要であり、ある意味では、被曝データは国家の存亡を握る重要な情報だと言える。

長崎のヒバクシャ訴訟（松谷訴訟）

米国は、一九四五年八月の広島・長崎で二種類の原爆を世界で初めて実戦で使用し、単独軍事占領の特殊な条件下で、その被曝の実態を調査し、被曝データを独占してきた。戦後すぐに広島に設置された原爆傷害調査委員会（ＡＢＣＣ）は、被曝者の健康を守るのではなく、被験者としてデータを収集し、場合によっては臓器の検体をも要求してきたという。原爆に苦しめられ、あげくに死亡すると、内臓まで持っていく。被曝者にとっては屈辱的な行為であった（「原爆傷害調査委員会（ＡＢＣＣ）」は、現在でも当時のカマボコ施設をそのまま使用して「日米共同研究機関（公益財団法人）放射線影響研究所（ＲＥＲＦ）」になっている。現在の放射線影響研究所（ＲＥＲＦ）は、米軍の占領当時とはその性格を異にしている）。

広島・長崎の被爆者は、健康面ばかりでなく社会的な差別もあって、経済的にも苦しい生活を余儀なくされてきた。とりわけ大きな影響があったのは医療費であった。そこで被曝者たちが運動を起こし、それが全国的な国民運動に発展して被爆者援護法が制定され、被爆者手帳が交付されるようになった。しかし、被爆者手帳を受け取るにはかなり厳格な基準があり、被曝の実相とは合わない点も少なからずあった。そうしたなかで起こったのが、長崎の松谷訴訟だった。松谷さんは爆心地（グランド・ゼロ）から二・四五キロの位置で被曝し、不自由な身となった。この訴訟で争われたのが、被曝者手帳発行の根拠となる基準だった。日本政府は交付しない根拠をなかなか明かさなかったが、ついにそれが法廷で明らかとなる。

■DS86からDS02、そして……

DS86（Dosimetry System 1986．一九八六年線量推定方式）とは何か。一九五七年に個人の被曝線量を推定する計算方式として、T57Dが出された。それが六五年にT65Dという方式に修正され、その後、コンピュータの計算能力の進歩によって、八六年に臓器別の被曝線量を中性子線とガンマ線についてそれぞれ計算できるようになり、DS86になった。日本政府はこの計算式を根拠にして、松谷さんら多くの被曝者の手帳交付を拒んできた。

被爆国である日本で、なぜこのようなことが起こるのであろうか。本来ならば、日本政府は被害を受けた被曝者の立場に立って、日本独自の基準で医療保障システムをつくるべきなのに、そうはならなかった。戦後七〇年を経た現在も、日本政府独自の基準はできていない。日本独自の基準とは、実際に現地の広島・長崎で測定された被曝の測定値にもとづいて、被害と被曝の実態を考えるということだ。

二〇〇〇年になってから、これまであったDS86での計算値と日本側研究者の測定値の不一致を解消すべくDS86の再検討が行われることになり、日米独合同で論議が進み、二〇〇六年にDS02が策定された。この歴史的経過については、葉佐井博巳氏の「広島・長崎原爆放射線推定方式DS02の背景と総括」（2005年）に詳しい。このDS86再検討のなかで出てきているのが、爆心（グランド・ゼロ）から一キロまではその被曝データが確実性をもって計算できるが、もっと精緻なデータが必要だということと、さらに、広島での実際の放射線の測定値がＤＳ86の計算値と比較して、爆心から近距離で低く、遠距離で高くなるという不一致の傾向があることだった。結局、米側によりその爆発規模を一六キロトンに引き上げ、爆発の高度も六〇〇メートルと二〇メートル引き上げられることで「修正」された。

しかし、問題はまだ残っている。たとえば一九四五年八月、九月に理化学研究所が調査のために直接広島に入ったところ、広島西方で放射能の異常に高い場所を発見した。これはいわゆる「黒い雨」と呼ばれる放射性降下物の影響によるものだが、ＤＳ86やＤＳ02では爆心からの同心円上の被曝しか計算できないので、こうした風向きによる放射性降下物の被曝の実際については評価値と計算値が確実性をもって得られていないのが実情のようだ。そうした背景からか、二〇〇六年に発表されたＤＳ02も、そうした風向きなどの気象条件に合わせた再検討がなされつつあるようだ。米軍が広島・長崎に入って調査を開始したのが一九四五年九月下旬。核爆発から約二ヵ月が経過してからである。放射線量率は一日後には一〇〇〇分の一に、さらに一週間後には一〇〇万分の一に減少するという。やはり被爆直後のデータが重要なのだ。また、ＤＳ02は内部被曝の評価についても、被曝者の行動と作業内容、衣服、食料、水・飲料に大きく影響されるため、個々人の内部被曝線量を計算することは困難である。いまこうした観点からのさらなる見直し作業が、日米研究者の間で続いている。

記録をとり続ける米国

米国はこうした被曝のデータを、一九四三年のネバダ核実験以来とり続けている。最初は兵器としての破壊力と影響力を推測するためだったが、核兵器による放射線の威力がわかるにつれて、米陸軍放射線量測定センター（ADC：通称レッドバレー）は、一九五四年以来二〇一一年二月まで約一二〇〇万の記録を保管しているという。その記録とは、兵士が個々人で携帯する放射線量計（ドジメーター）の放射線被曝線量とそれにともなうスクリーニングシート、そして、そうした作戦に従事した行軍記録と作業内容、気象データ、その後の兵士個人の医療記録などだろう。

米軍は二〇一一年三月に発生した福島第一原発事故でも、すでに明らかにしたように陸・海・空・海兵四軍の総力を挙げて、世界に分散していた携帯型放射線量計（ドジメーター）と計測機器（リーダー）を日本に集中させた。そして部隊を東日本各地に展開し、風上から、また風下からも爆心（グランド・ゼロ）に接近し、展開した兵士の個人の線量計のデータを米本国で分析している。そのとき米陸軍放射線量測定センター（ADC）、海軍放射線量計センター（NDC）も同様にデータを収集した。

そして、四軍の統合研究機関である軍放射線生物学研究所（AFRRI）で、その分析結果にもとづいた研究と論議を行っている。もちろんそのデータには、米エネルギー省（DOE）や、その傘下の国家核安全保障局（NNSA）が収集した専門的なデータも含まれる。さらに、キャンプ座間を核にして、海軍横須賀病院、嘉手納の空軍病院を拠点に放射線の専門家が水と食料の検査体制を確立し、そうした内部被曝のデータも細かく調べ上げられるように体制を整え、二〇一一年七月に「トモダチ作戦記録計画」が立ち上がったわけだ。

すでに二〇一二年九月の発表段階で約七万人のデータを得ているというが、一方で日本の場合、福島県における一七歳以下の子どもについて、全放射線検診対象者の三分の一程度しか検診できていない状況にある。こうした事実からも、米軍が並々ならない精力をこれに傾けていることがわかる。

被曝データ独占大国——もはや一国では対処できない

走りよってくる
走りよってくる
あちらからも　こちらからも
腰の拳銃を押さえた
警官が　駆けよってくる
＝中　略＝
鳩を放ち鐘を鳴らして
市長が平和メッセージを風に流した平和祭は
線香花火のように踏み消され

講演会、　音楽会、　ユネスコ集会、
すべての集りが禁止され
武装と私服の警官に占領されたヒロシマ

「一九五〇年の八月六日」　峠三吉『原爆詩集』より

これは一九五〇年当時の広島の状況と、被爆の情報流布が米占領軍と日本政府によって厳しく規制されていたことを示している。こうした日米政府の原爆と被曝情報の厳しい統制により、広島・長崎の多くの被爆者の生活と生存が脅かされ、実態として被曝者は放置されたと言ってよいだろう。そして日本国民には、その被曝の惨状は伝わらなかった。

また学術研究面でも、米軍が広島・長崎に調査に入る前の一九四五年九月初旬に、当時の日本学術会議が被爆の状況を細かに調査したが、米占領下では調査結果を発表することが許されず、占領が終了した一九五三年になってようやく「原子爆弾災害調査報告書」が出版された。米軍と米政府の占領政策によって、学者・研究者・医師のこうした良心的な活動も、被曝者を救うことはできなかった。そして米政府はその後も、軍事機密を理由に資料を公開してこなかった。

しかし、いつまでも被曝データを独占できるわけではなかった。旧ソ連（ロシア）やフランス、イギリス、インドの核兵器開発、中国、イスラエルなどの核兵器の保有。一九六〇～七〇年代には、ドイツ、フランスなど欧米先進国と日本を中心に原子力発電の目的で原子炉を保有する国が増加し、一九八〇～九〇年代には、イスラエル、中国、イランなど第三世界にも原子炉が拡散し始める。それは同時に、核兵器の保有能力が拡散したことをも意味する。ところが、一九九一年のソ連崩壊と冷戦の終焉により状況は一変する。米ソ両国間の核兵器と原子炉をめぐる競争とバランスの時代から、米国による核兵器・核物質と原子炉の一極支配・管理の時代へと移ったのである。さらに原子力発電の原子炉は、米国の重要な戦略的輸出産業ともなっていた。こうした背景のなかで、米国は核兵器や核物質、生物化学兵器などを含む武器の拡散とテロリズムへの対処、米ソ核軍拡競争の遺産である米軍部内の核兵器部門の肥大化が大きな負担となっていった。そこで一九九五年以降、冷戦後の米国一極支配の世界を展望して機構改革の構想を練り、九八年に国防脅威削減局（DTRA）、二〇〇〇年に国家核安全保障局（NNSA）などの新しい軍民両用の政府機関がつくられた。

しかし、世界に拡散した核物質や化学・生物兵器をすべて管理し、核兵器や核施設、核事故までをも把握し統制することは、それこそ大変な人的陣容と膨大な資金力が必要になる。とても一国だけの力では対応できるものではない。同盟国の人的・技術的・資金的・政治的協力が不可欠だ。とくに今後、広範に原子力発電の原子炉のプラント輸出が進むことが予想されているアジア地域では、この地域におけるアメリカの影響力の低さから、政治・経済・軍事的な影響力を米国一国だけで行使することは困難になっている。しかもこうした地域では、パキスタンとインド、イラン、中東アラブ諸国とイスラエル、中国と北朝鮮、台湾、東南アジア、ASEAN諸国などの利害が複雑に絡み合っている。そして、これに対処するための具体的な行動も、私たちの周囲ですでに進行している。たとえば、日本では自衛隊でなく海上保安庁が主にその役割を担ってきているが、核不拡散を目的とした海上臨検の訓練が毎年、周辺各国の参加のもとに行われている。

二〇一〇年には韓国が責任国となり、初めて韓国軍と海上自衛隊が協力して、海上で核物質を移送していると思われる疑わしい貨物船を停船させ、特殊部隊が乗船し臨検を行う訓練を実施している（ＰＳＩ演習）。もちろん米海軍は、そこに海軍艦艇と臨検部隊を毎回送り込んでいる（ＶＢＳＳ訓練）。また、港湾施設でも改正ＳＯＬＡＳ法（海上人命安全条約）により国際航海船舶および国際港湾施設の保安対策を強化することが義務づけられた。そしてＣＳＩ（Container Security Initiative）により、米国の税関職員が各国の主要港に派遣され、危険性の高いコンテナの特定を行っている。さらに、米国通商法の事前申告ルールにより、米国向け船舶に対して船積二四時間前の積荷目録の米国への提出を義務づけている。実際に横浜港南本牧埠頭では、二〇一一年から米国向けのコンテナをすべてスキャンし、放射性物質の有無を確認している。そしてもし確認されたら、そのコンテナを特定する特別なゲートを設けている。

被曝大国日本

これまで見てきたように、被曝データは米国の独占状態だ。しかも、生身の人間の住む都市に原爆を落とした国は米国しかいない。だから七〇年を経過したいまも、広島・長崎の被爆者の写真が具体的な熱線の被害として、必ずと言えるほど彼らのマニュアルに掲載されている。広島・長崎の原爆傷害調査委員会（ＡＢＣＣ）による生々しい写真だ。それほど彼らにとって、広島・長崎の被爆データは貴重な記録なのだ。いまなお広島で約八万人、長崎で約四万人の被曝者が日米の追跡調査を受けている。先にみたＤＳ86、ＤＳ02の線量推定方式も、広島・長崎の被曝データから、さらにビキニ環礁での実験データを加えて計算値を割り出したものだ。原爆（核兵器）の初めての人類への投下と被爆。そして膨大な太平洋上のビキニ環礁での核実験の死の灰（放射性降下物・フォールアウト）による被曝。さらにこれまでの原子力施設における事故。スリーマイル島、チェルノブイリ、福島第一のうちの最新であり、かつ米国が自由に詳細に被曝のデータをつかめたのも日本だ。まさに日本は被曝大国。しかも世界で唯一の被曝大国だ。米国から見れば〝被曝データ大国〟ということになるだろう。

日本が世界に向かって発信すべきことは

日本が世界で唯一の被爆国であるからこそ、原爆・核兵器の非人道性・残虐性、後世まで影響を残し続ける悪魔の兵器であることを身をもって示すことができる。数十万の生命を犠牲にされてきたからこそ、核兵器の廃絶に向けての国際的な指導性と牽引力をもつことができる。しかし、そのことに日本ははたして真剣で真摯であったのだろうか。また、世界で最も治安がよく、安全性の高い社会をつくってきたなかで、技術力の高い日本で起きてしまった原子力発電の原子炉のメルトダウン。しかも人口の密集したなかで、風向きと事故のさらなる拡大と継続しだいでは、首都の退避、首都機能の崩壊をも招きかねなかった。

今回の福島第一原発事故を経験した日本は、現在の技術水準での原発・核施設の事故がどのようにして発生するのか、そして放射性物質や核物質の飛散が周辺地域住民だけでなく、水・食料を共有する人々に後世にわたってどれだけ深刻な被害をもたらすことになるのかを真摯に研究し、情報を公開する使命がある。資源やエネルギー、核施設や核事故に関わる情報を独占するのではなく世界に知らせ、その危険性と向き合い、事故などが発生した場合にどのような知識が必要なのかを明示する義務がある。より安全なエネルギー資源を国際的に格差なく世界に供給していくための先導役を担わねばならない。これこそ、先の戦争を経た日本がそれを教訓とし、国際社会とアジア諸国のなかで信頼と友好を確立する道なのではないだろうか。

第三部

五年後の福島第一原発と「トモダチ作戦」のその後

13　トモダチ作戦記録計画ＯＴＲと空母レーガン乗組員被曝訴訟

福島第一原発事故から五年が経過した。いまだにメルトダウンした原子炉核燃料の存在場所もわからない。どうしようもない原子炉を冷やすために大量の水が注入され、毎日約二〇〇トンの放射能に汚染された水が発生し、今までに約一〇〇〇基のタンクに留め置かれている。放射性汚染水のタンクは増える一方だ。それればかりではない。福島県などで観測される放射線量もあの日から変わらないでいる。たとえば郡山の線量はいまだに〇・一〇マイクロシーベルト（μSvh-1）で変わらない。二〇一六年八月三一日に原子力規制委員会が出した放射性廃棄物の処分の基本方針によると、原子炉の制御棒など放射能レベルの高い廃棄物は地中七〇メートルよりも深いところに埋め、電力会社が三〇〇〜四〇〇年管理し、その後国が引き継いで、一〇万年ものあいだ国が立ち入り制限や掘削などのないようにするという。とうてい常人では考えられない、見通すことのできない年月だ。ホモサピエンスがこの世に生まれて二〇万年が経つという。一〇万年はなんとその半分だ。私たちの日本の歴史でも、記録は一〇〇〇年くらいしかない。まともな引き継げる記録となると、一〇〇年でも危ういのが現実の社会の歴史だ。

米軍はトモダチ作戦記録計画（ＯＴＲ）を開始して、まさに総力を挙げて原発事故での被曝の記録をくまなく収集していた。すぐに日本近海を航行していた空母レーガンを東側から東北に投入し、フィリピン方面に展開していた強襲揚陸艦エセックスを中心とする海兵隊の水陸両用部隊は、西の日本海を通って秋田港を経由してから東北の太平洋岸に接近した。そしてなによりもはやく日本に投入されたのが、米空軍の特別な放射線計測部隊AFRAT（米空軍放射線影響評価チーム）だった。このAFRATは、福島第一原発の司令塔であったJ-ビレッジにも派遣されている。三月から五月までの六〇日間各地でデータを収集して二〇一二年末に報告書を出す予定をしていた。

二〇一二年空母レーガンの乗組員らが集団訴訟

ところが思わぬ事態が起こった。二〇一二年一〇月に、約五〇人の空母レーガン乗組員らが米カリフォルニア州サンディエゴの連邦地裁に、東京電力と日本政府を相手取って訴訟を起こした。トモダチ作戦終了後帰国してからの体調不良やさまざまな病気の発生などは、東京電力と日本政府が正しい情報を提供しなかったために被曝することになってしまったとするもので、東京電力などに医療支援や基金などの賠償請求を求めるものだ。二〇一五年には原告はふくれあがり、二〇一六年一二月現在で四〇〇人を超える大原告団となっている。また、被告も当初は東京電力と日本政府であったが、現在は日立や東芝などの原発メーカーも加えられている。

兵士の年齢は若く、その多くが二〇代から三〇代だ。米国社会のなかでは空母の乗組員になることで、退役後の就職や就学が優遇される。しかし、少なくない原告元兵士は体調が優れず、あるいは原因不明の頭痛や歩行困難、消化器系疾患、呼吸器系疾患などが原因でそのまま兵士を続けることができずにいる。職に就けないもの、大学進学を希望していたが断念せざるをえないものなど、厳しい状況におかれている。

今回の「トモダチ作戦」は、東日本大震災とそれにともなう福島第一原発事故に対応して発動された。しかも、今までの広島や長崎の原爆投下やチェルノブイリ原発やスリーマイル原発などの核事故とは違って、米軍部隊がその発生当初から大量の放射線量計ドジメーターなどの測定機器を大量に日本国内に持ち込んで、米軍のみならず、米エネルギー省（ＤＯＥ）、国防脅威削減局（ＤＴＲＡ）、米連邦危機管理局（ＦＥＭＡ）などが乗り込んでの非常に大規模なデータ収集活動が行われていた。今までになく正確で、確証的なデータを米国と米軍は手に入れているのは間違いない。

二〇一二〜二〇一五年に報告書が出される

二〇一二年九月に国防脅威削減局（ＤＴＲＡ）は「トモダチ作戦記録計画（ＯＴＲ）」で得られたデータの分析報告書を発行した。同年九月以降、順次九冊の報告書が出され、インターネット上で公表された【写真44】。しかし、当初二〇一二年末に予定していたトモダチ作戦に参加した各米海軍艦船の放射性物質と放射線の影響評価を行ったデータは、二〇一四年になってやっと公表された（一〇冊目）。この報告書は「トモダチ作戦での各艦船ベースの放射線被曝評価（第一改訂版）（DTRA-TR-12-041（R1））」である。また同時に、艦船ごとの「トモダチ作戦の記録　艦船ベースの放射線被曝概算レポート」を発表し、艦船ごとでの全身被曝線量（概算）と甲状腺被曝線量（概算）を示し、その健康への影響をコメントしている。まさに米軍としての正式の被曝記録だ。こうした記録が発表され、またその兵士や家族、民間従事者の被曝に対する健康への評価を発表するのは初めてのことである。残念ながら日本の自衛隊や消防、警察などでは同様のことはなされていないようだ。

■空母レーガン乗組員被曝集団訴訟に対応して

まず、この各艦船での被曝線量概算評価で顕著にみられるのが、最も最前線にいた空母レーガンに関する資料と記述が多いことだ。当初、二〇一二年末での発行を予定していたものが二年も遅れたのには、先に示した空母レーガン乗組員らの被曝集団訴訟が大きく影響したようだ。インターネット上に公表されたのは「第一改訂版」で、その前に隠れた報告書があったことが

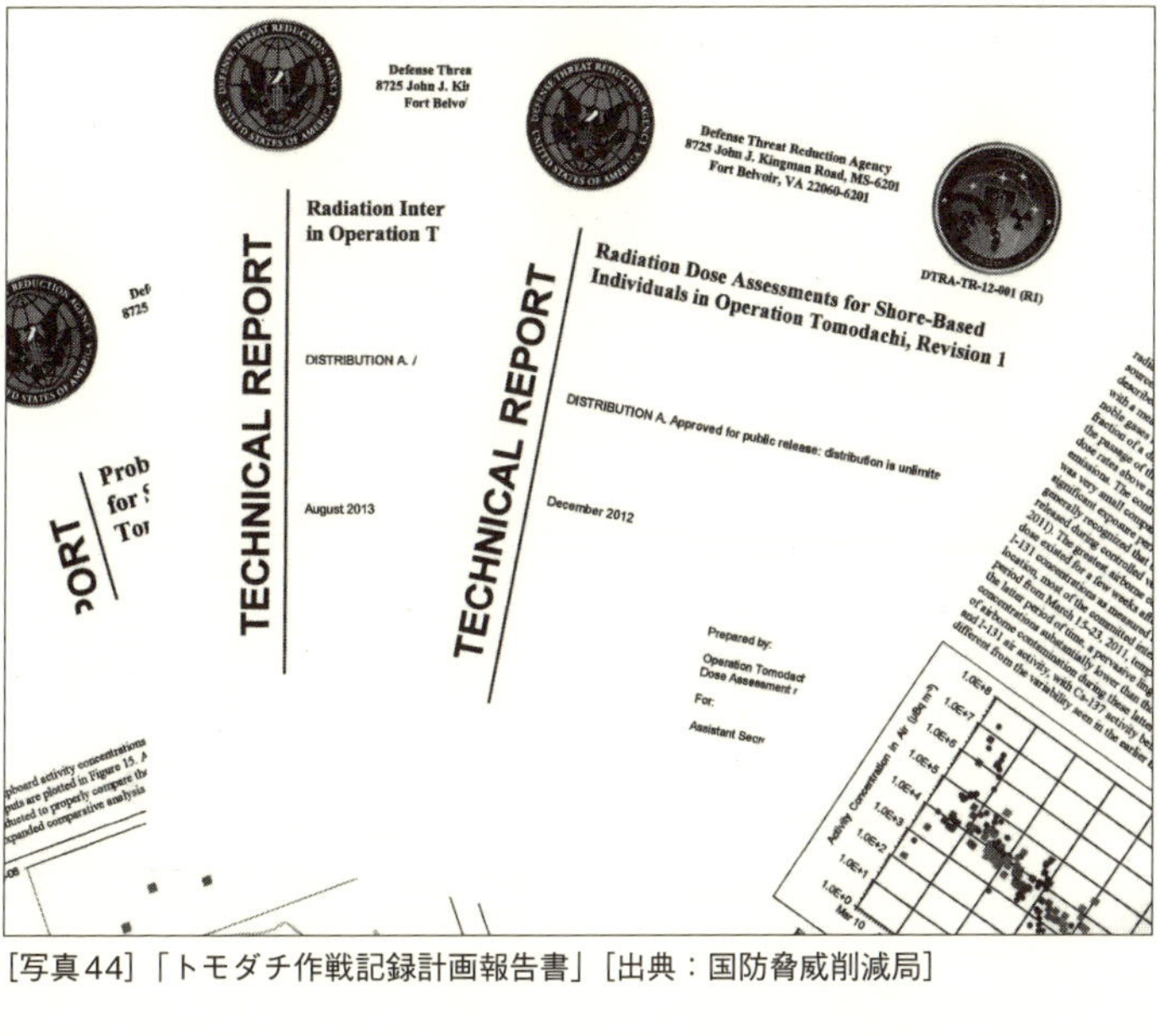

［写真44］「トモダチ作戦記録計画報告書」［出典：国防脅威削減局］

うかがえる。

空母レーガン乗組員ら被曝訴訟を多分に意識したならば、被曝の具体的な資料を克明に明らかにし事実を伝えるか、でなければ資料は伝えないわけにはいかないから、わからないように複雑にして、肝心な点などは不明確にしてしまうかのどちらかの選択がでてくるだろう。前者は、被曝した兵士一人ひとりを救うことになるが、それに対する軍と国家の責任問題が浮上してくる恐れがある。後者はあくまでも被告は東京電力と日本政府などであるから、積極的に資料を提供する必要性はなく、さらに具体的に資料やデータを提供したという姿勢を見せることができ、こうした放射線量の高い地域で軍事行動を行ったことや国家の責任はあまり問われることはないだろうという観測ができる。低線量の放射線被曝は大丈夫だ。事実、その後も日本人はそこに住み続けているのだから。広島・長崎の被爆後も七〇年間生存している人もいるのだから――という論理が成り立つ。以下に、この報告書に従いながら考えていこう。

空母レーガンから福島第一原発が見えた――乗組員証言

二〇一一年三月一一日、太平洋を西方に航行していた空母レーガンは共同軍事演習に向かっていた。東日本大地震の発生で急遽東北沖に到着したのが三月一三日午前九時ころ。福島第一原発施設から直線距離で一〇〇キロほどの福島県南部いわき市沖合を北上、午後四時には宮城県牡鹿半島金華山東方沖一四〇キロあたりに移動し、ほぼその位置を維持していた。福島第一原発からの直線距離で一七〇キロほどの地点だ。ほぼ二四〇キロを六時間かけて移動したことになる。

前日の三月一二日午後三時三六分には、福島第一原発第一号機が水素爆発をしていた。空母レーガンが北上しているあいだに、午前八時四一分に第三号機でベントを開始。また、続いて午前一一時には二号機でベントを開始した。つまり、高濃度の放射性の蒸気が福島第一原発から排出されるなか、それが風に流されているプルーム（放射能の雲）の中を空母レーガンは北上したことになる。その後三月一四日、厚木から飛来したヘリコプターが放射能を検知し、空母レーガンは一時その活動を停止。一〇〇キロ風上に移動する［写真45］。

報告書の図である［写真45］でみると放射性プルームはほぼ同心円状で、福島第一原発から二〇〇キロほどの区間しか描かれておらず、当時吹いていた強い西風に流される様子はこれだけでは推察できない。しかし、日本の気象庁気象研究所による午後四時の放射能プルームの様

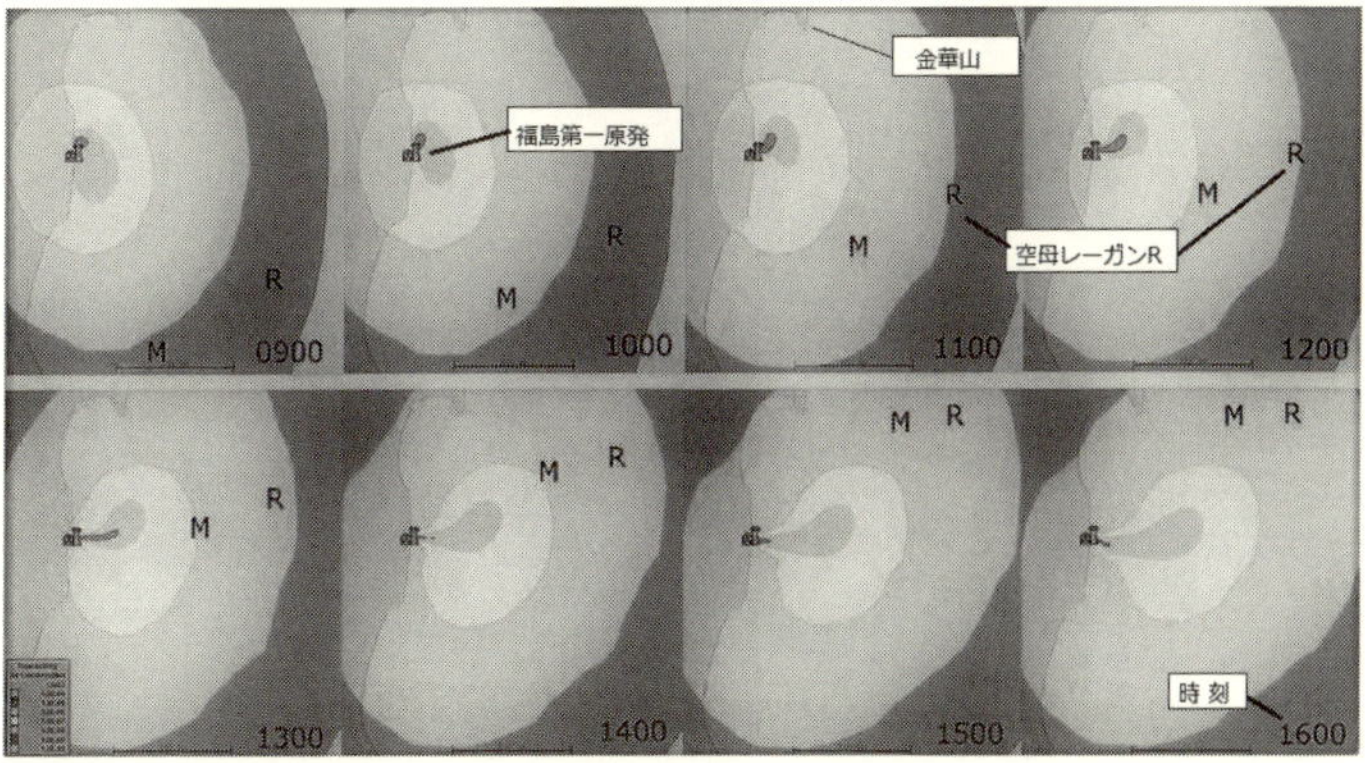

［写真45］2011年3月13日8時から17時までの空母レーガンRと駆逐艦J・S・マケインMの位置〔出典：国防脅威削減局DTRA-TR-12-041（R1）をもとに筆者作成〕

子（予想）［写真46］、また国立環境研究所の同時刻のプルームの予想［写真47］、IRSN（フランス放射線防護原子力安全研究所）が発表した放射性雲大気中拡散シミュレーション［写真48］でも、プルームは西風によって大きく流されている。これはあくまでもシミュレーションであって、実際の放射線の観測ではないが、米国ローレンス・リバモア国立研究所の三月一三日から一五日の放射性プルームのイメージ［写真49］でも、その様子は西風に流されている。ローレンス・リバモア国立研究所というと米エネルギー省（DOE）の研究所で広島の原爆製造でも有名なところでもあり、今回の二〇一三年三月にいち早く核専門の即応チームを送ったところである。まさにこの「トモダチ作戦」の放射線の情報収集と予測などの中心となった研究所である。

なぜ国防脅威削減局（DTRA）はこの自分たち自身が頼っていた資料を広い範囲で、プルームの流れる様子をわかるように示さなかったのだろうか。その後、一三日午後一〇時には福島第一原発からのプルームは金華山沖を高濃度で範囲が広がっている様子がシミュレーションされている［写真50、写真51］。

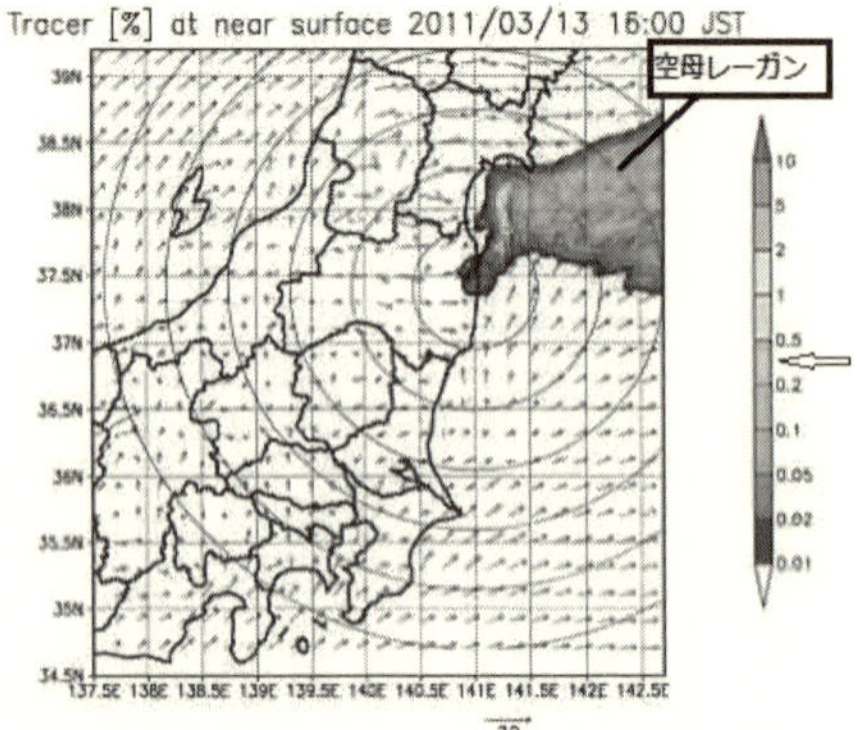

［写真46］気象庁気象研究所放射性汚染物飛散シミュレーション　2011年3月13日午後4時［出典：気象庁気象研究所ホームページをもとに筆者作成］

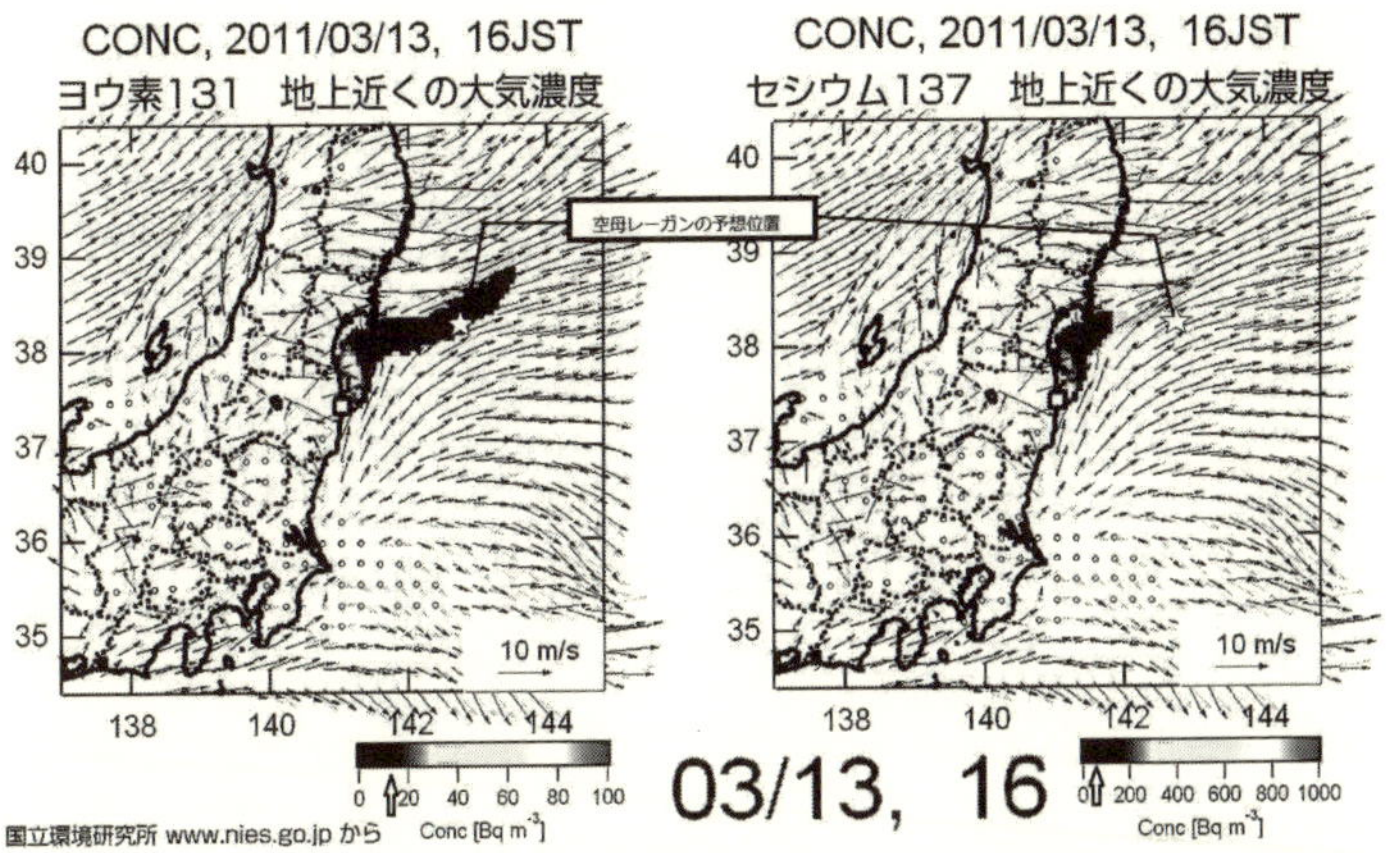

［写真47］国立環境研究所による放射性物質の地上近くの大気濃度［出典：国立環境研究所ホームページをもとに筆者作成］

報告書に記載がある緯度・経度は三月一四日午前二時で、北緯四〇度一二分九秒、東経一四三度二五分六秒である。ちょうど岩手県久慈市の沖合一〇〇キロほどの位置だ。この久慈市沖合で、金華山沖の一三日午後四時の位置からほぼ一〇〇キロ北の直線距離になる。その後も空母レーガンは北上を続け、八戸市の沖合あたりまで移動していることがわかる。**［写真45］**をみると、空母レーガンは福島の沖合一〇〇キロ以上離れた位置を航行していることになる。海上で一〇〇キロという距離は水平線ばかりで、陸地も島も見えない距離だ。しかし、乗組員は福島原発が見えるほどの近さだったと証言している（米軍「星条旗」紙二〇一六年三月一三日付）。

乗組員の証言といい、厚木ヘリコプターでの活動停止と空母の北上といい、プルームの風による影響が示されていないことといい、この報告書の信頼性に関わる重大な懸念が浮かんでくる。

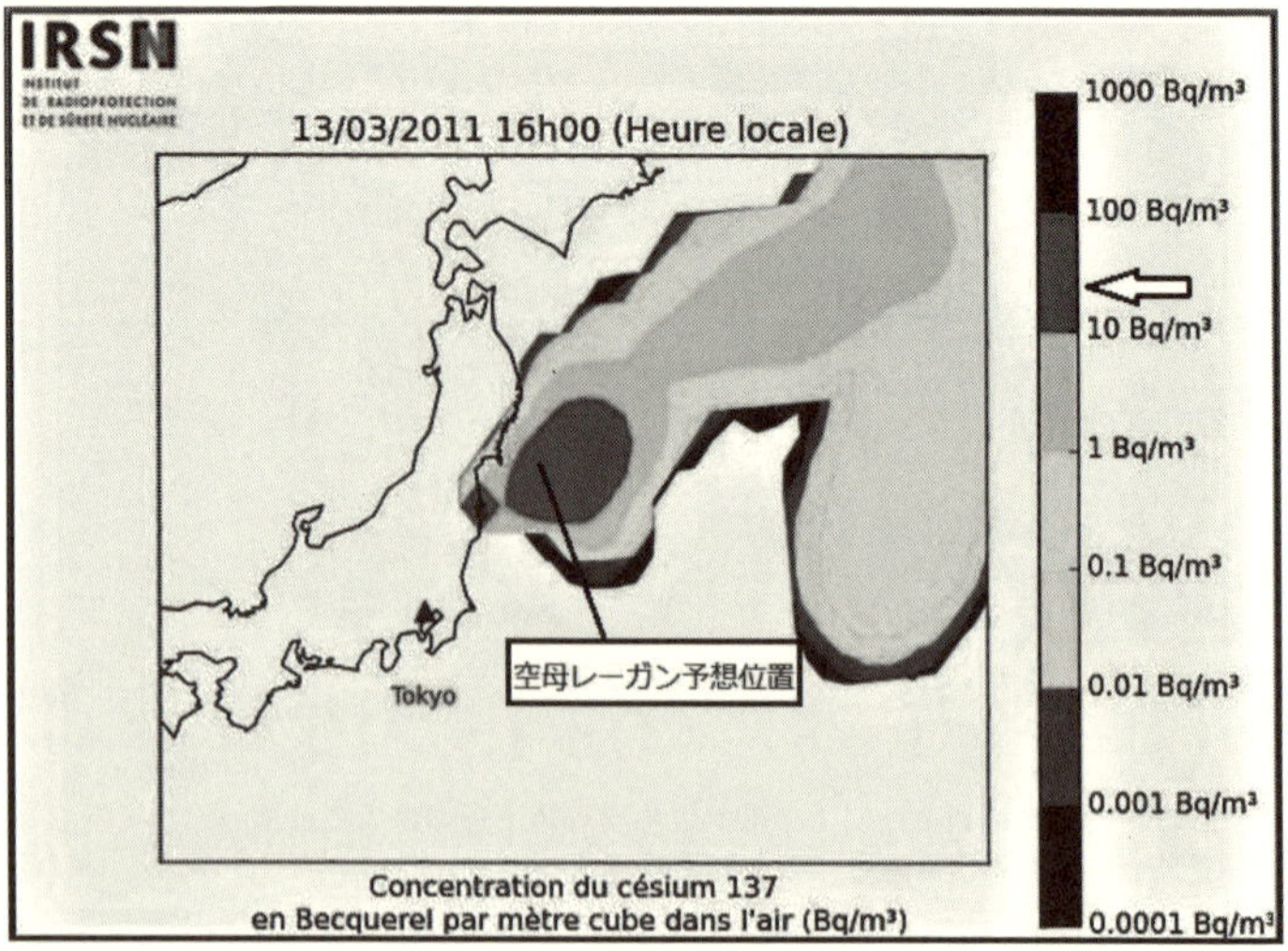

［写真48］IRSNフランス原子力安全研究所による2011年3月13日午後4時の放射能雲大気中拡散シミュレーション［出典：IRSNフランス原子力安全研究所ホームページをもとに筆者作成］

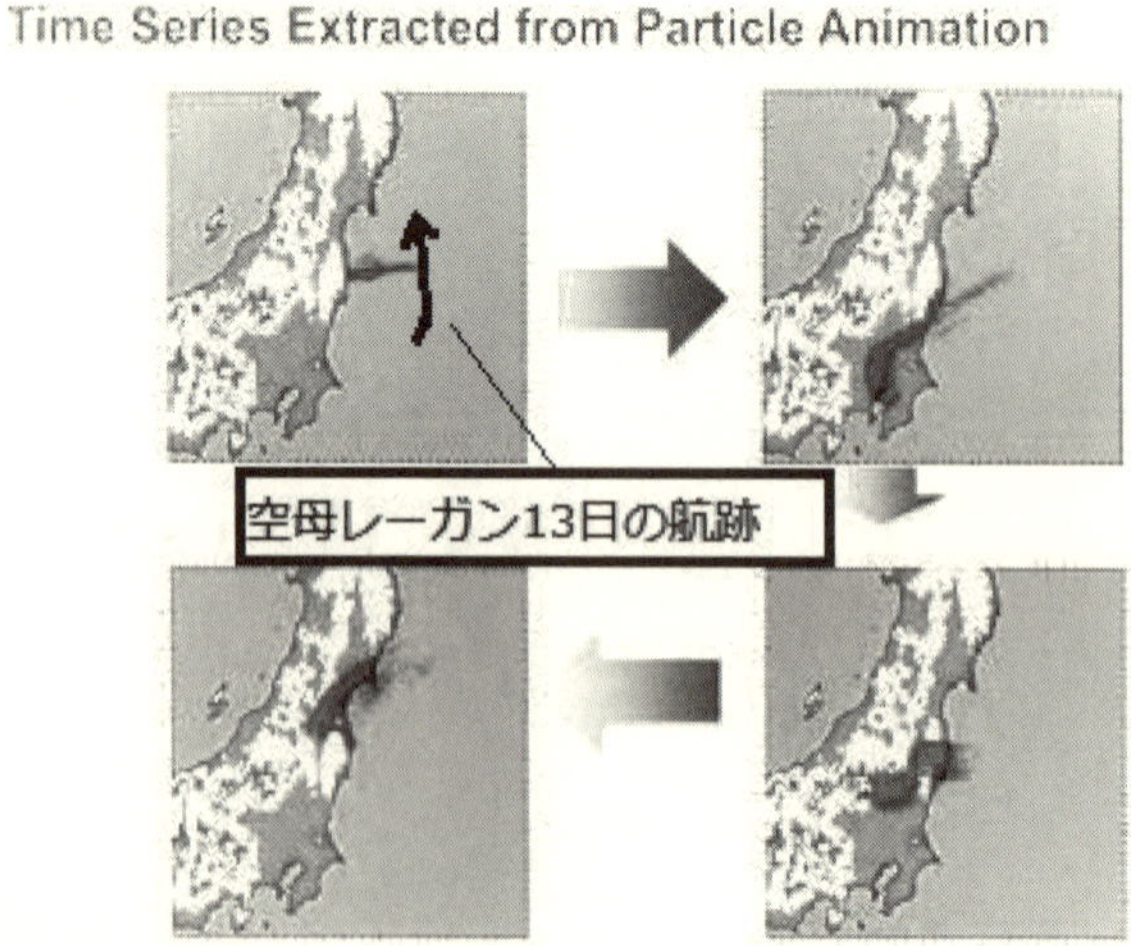

［写真49］ローレンス・リバモア研究所による2011年3月13〜15日の放射性雲プルームシミュレーション［出典：米NNSAローレンス・リバモア研究所ホームページをもとに筆者作成］

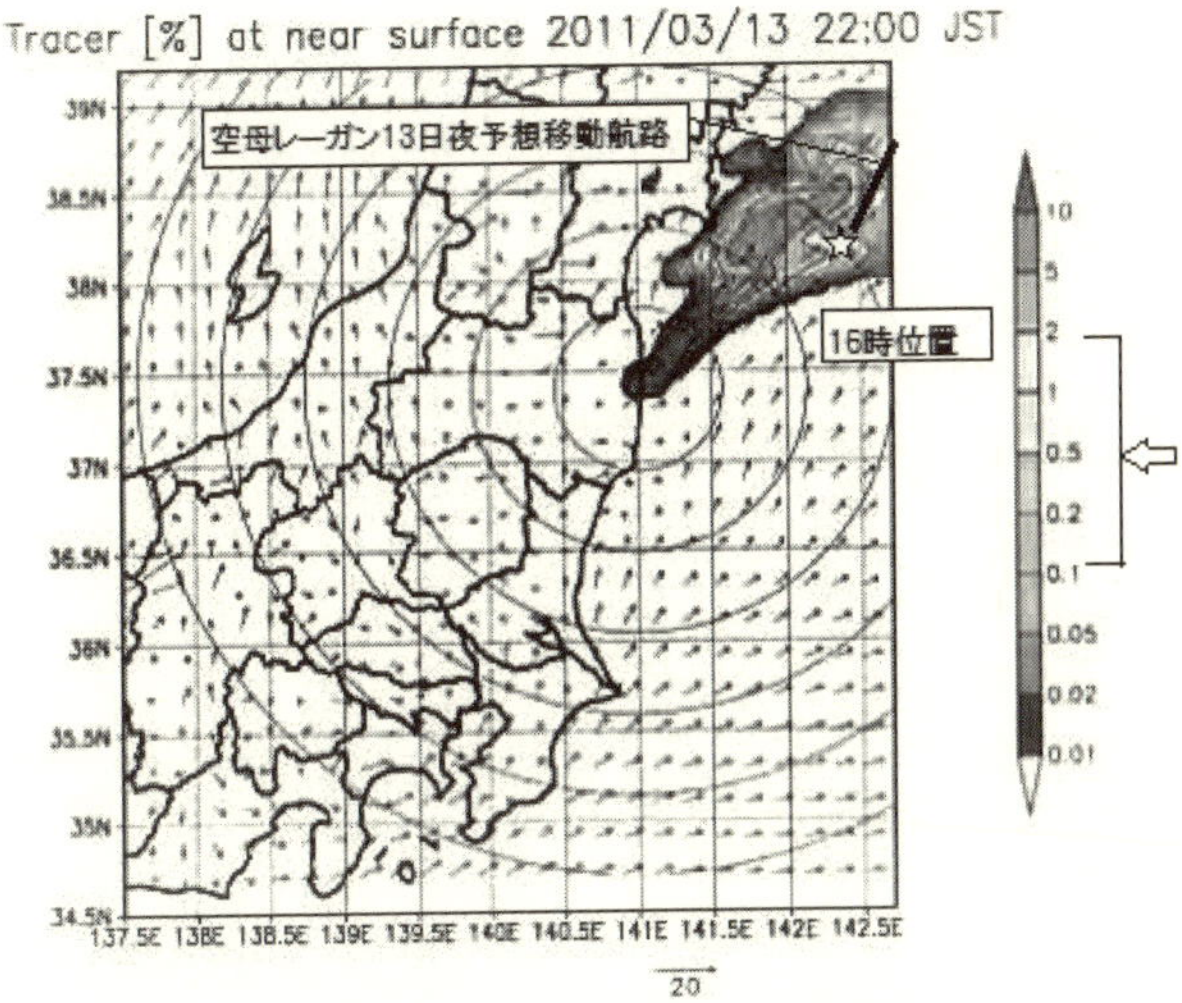

[写真50]気象庁気象研究所による2011年3月13日22時の放射性汚染物飛散シミュレーション［出典：気象庁気象研究所ホームページをもとに筆者作成］

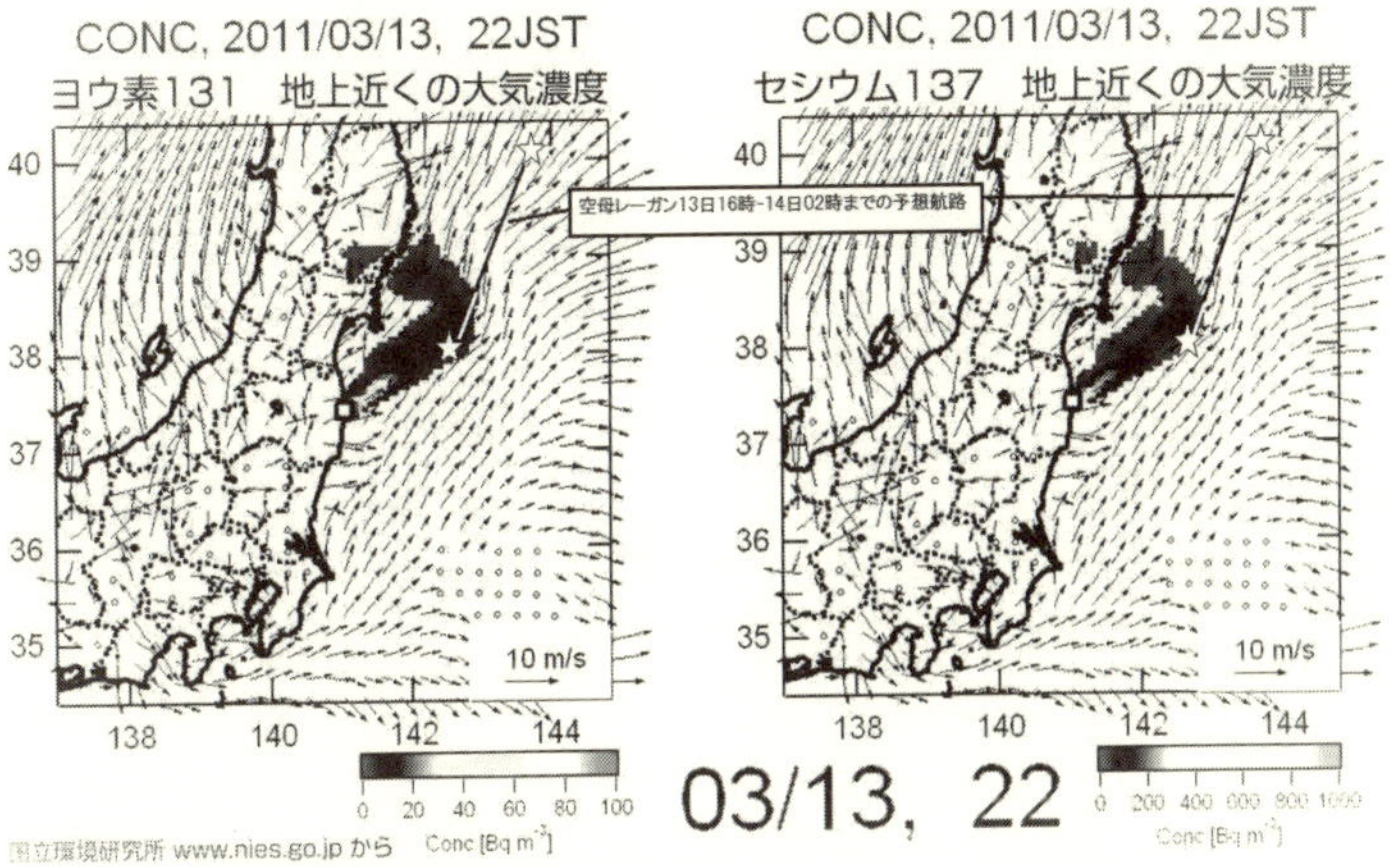

[写真51] 国立環境研究所による放射性物質の地上近くの大気濃度　2011年3月13日22時［出典：国立環境研究所ホームページをもとに筆者作成］

一三日夕方から一四日未明まで空母レーガン飛行甲板で放射能を検知

被曝があったかなかったかは明らかである。しかし、それがいつで・どの場所で・どれくらいの値（被曝線量）なのかは、資料を見るだけではなかなかわからない。報告書ではＨ５「空母レーガン大気モニタリング・データ」の項目でははっきりとしたことは述べられていない。そのなかの元データである表Ｈ９「空母レーガン大気モニタリング結果」を見ると、三月一二日と一三日のＧＰＳによる緯度・経度は記されていない。なぜなのだろうか。どの艦船も現在ではＧＰＳによる緯度・経度が必ず測定されている。データがないということはない。日を追って一時間ごとに克明にデータが記録されてはいる。

放射線の線量も数字が並べられているが、単位も示されていない。しかし、「飛行甲板ＰＡＳ（携帯型大気サンプラー）」という項目を見ると飛行甲板での様子がわかる。それまでは検出限界以下で計測できていなかったのが、三月一三日一三時〇〇分に七・五×10^{-9}という値が計測され以後増え続け、その日の一六時三〇分に最大値一・二五×10^{-8}、また二一時三〇分に一×10^{-8}という二つのピークを迎え、一四日の午前二時まで計測可能な値が示されており、それ以降はこの集塵機の検出限界値以下になっている【写真52】。

非常にわかりにくいが、単位はCim^{-3}（キュリー毎立方メートル）と考えられる。放射能の強さをあらわす値で、ベクレル（Bq）に換算すると、最大値一・二五×10^{-8} Cim^{-3}のときに四・六二五×10^{-4}

ベクレル（$Bqcm^{-3}$）となる。これではよくわからないが、対比するものがあると比較できてわかりやすい。福島第一原発での敷地境界線のところにモニタリングポスト（ＭＰ）が設置されているが、ここでの警報を発する値が一・〇×10^{-5}ベクレル（$Bqcm^{-3}$）だ。すると空母レーガンでは、原発のモニタリングポスト警報値の四六倍以上の放射能が降ってきたことになる。当時、空母レーガン内では外部に通じるハッチはすべて閉じるように指示が出て、甲板から帰った兵士は服を脱ぎ、服は集められ、すぐにシャワーを浴びるように指示が出されたという。ともかく、空母レーガンは三月一三日夕方から一四日未明にかけて強い放射能が降ったことは間違いない。

空母レーガン乗組員の線量計での被曝線量計測

また、実際の線量計ドジメータでの測定結果もないわけではない。報告書の表Ｈ２「ＴＬＤドジメーター結果概要（空母レーガン）」によると、参考になる値が示されている。このＴＬＤドジメーター【写真34】は、携帯型の名刺大のもので、装着していた期間の積算外部被曝線量を測定できる。また、携帯型であるから個々人のデータを測定できるのが特徴だ。表Ｈ２では様々な任務区分での装着していた期間の積算被曝線量が示されているが、とくに被曝データの収集やドジメータの取り扱い、実際に採集した

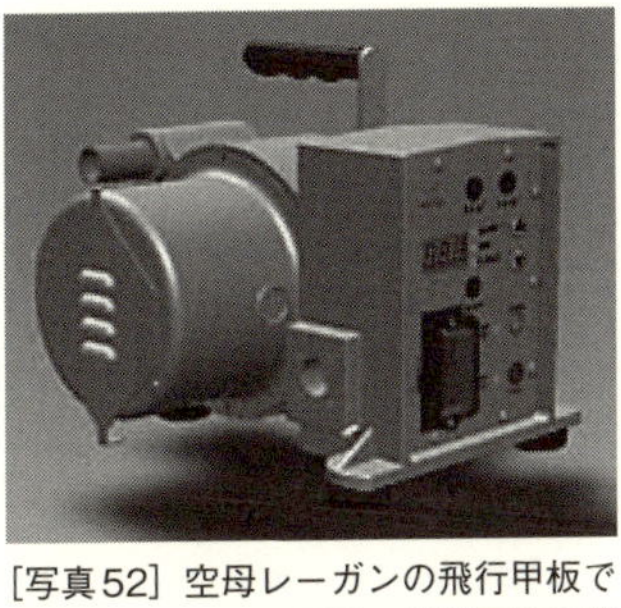

［写真52］空母レーガンの飛行甲板で使用されたものと同型の放射能集塵機〔出典：RADeCO社ホームページより〕

サンプルの線量測定などを担当する放射線衛生将校（RHO）や放射線衛生技師（RHT）、実際にサンプリングに携わる技術ラボ技師（ELT）などで、三月一三日・一四日もTLDを装着しているものに数値が現れている。空母レーガンではTLDドジメータがこの任務の兵士に二八個割り当てられ、そのうち一九個に数値が認められた。最大値は二一ミリレム（mrem）＝〇・〇二一ミリシーベルト（mSv）、最低でも三ミリレム（mrem）＝〇・〇〇三ミリシーベルト（mSv）であった。

米海軍の資料によると、甲板を含めた艦内の放射線量は〇・〇二ミリシーベルト（mSvh-1）以下が求められている。このTLDドジメーター（DT-702 PD）**［写真34］**は、その放射線量の測定能力が〇・一ミリレム（mrem）から二〇〇〇レム（rem）なので、高い線量に対応した線量計ドジメーターだ。〇・一ミリレム（mrem）、つまり一マイクロシーベルト（μSv）以下の線量は計測ができない。このTLDドジメーターを福島県内に持ち込んでも、原発事故現場以外ではほとんど計測はできない代物だ。このデータだけから被曝線量が低いとするのはかなり問題がある。

空母レーガンと他の海域にいた艦船との内部被曝線量のちがい

米軍は兵士らの内部被曝線量も測定している。報告書の表8「艦隊内部被曝線量モニタリング概要」では空母レーガンで乗組員六七七人の測定のうち三〇人に値が出て、最大内部被曝実効線量が〇・二五ミリシーベルト（mSv）、最大甲状腺被曝線量が四・〇三ミリシーベルト（mSv）。平均値で〇・〇四ミリシーベルト（mSv）、甲状腺は〇・六一ミリシーベルト（mSv）とされている。

これに対して空母ジョージ・ワシントンでは、五二五人中二六人から値が出た。最大被曝実効線量は〇・〇六ミリシーベルト（mSv）、甲状腺では〇・九〇ミリシーベルト（mSv）。平均では〇・〇三ミリシーベルト（mSv）、甲状腺では〇・四六ミリシーベルト（mSv）となっている。さらに他の艦船もみると、海兵隊の主力であった強襲揚陸艦エセックスでは乗組員七三〇人中、値が出たのは一人。内部被曝実効線量が〇・〇三ミリシーベルト（mSv）、甲状腺被曝線量が〇・四二ミリシーベルト（mSv）。水陸両用部隊の揚陸艦ジャーマンタウンが五人中〇人、揚陸艦ハーパーズフェリーが二六人中〇人、福島沖合で空母レーガンと行動を共にしていた駆逐艦ジョン・S・マケインが三二人中〇人であった。

ここでまず気になる点がある。空母の乗組員は約五〇〇〇人だが、それに対して六七七人と一割くらいしか内部被曝を測定していない。レーガンもワシントンもほぼ同じだ。ドック型揚陸艦ハーパーズフェリー、同ジャーマンタウンは一割以下だ。駆逐艦ジョン・S・マケインは約一割、それに対して海兵隊上陸部隊の主力である強襲揚陸艦エセックスは七六〇人。搭乗している海兵隊員のなんと四〜五割に相当する。同じように艦内で食事を摂取し水を使っているはずだが、この差はなんなのだろうか。米軍が被曝した被災地に上陸する部隊の兵員の内部被曝線量を計測する必要性を強く感じていたからという結果だろう。

飛行甲板の面積の広い空母は放射性物質の降下物を大量に受け、さらにその甲板は表面がざらざらしていて油も付着している。なかなかこれを落とし、除染するのは大変なことである。それに対して一般の駆逐艦やドック型揚陸艦はこうした飛行甲板がなく、表面は鋼板で覆われていて、洗い流すのも比較的容易だ。内部被曝は食事や給水、さらには呼吸することでも起こる。また、シャワーを浴びることでも気づかないうちに水を飲んでしまう。飛行甲板で作業を行うことの多い空母では、こうした食事以外の被爆をうけやすい。他の艦船ではほぼ密封状態での生活なので、外気に触れる機会も少ない。そうしたことがデータの結果にもよく表れている。

これに対して注目されるのが、強襲揚陸艦エセックスの場合だ。空母と同様に飛行甲板の面積が非常に大きい。であるにもかかわらず、七三〇人中たった一人が内部被曝での値が計測された。いったいこれはどういうことであろうか。これには理由がある。第一部第四章の「『トモダチ作戦』の最大部隊、米海軍海兵部隊はど

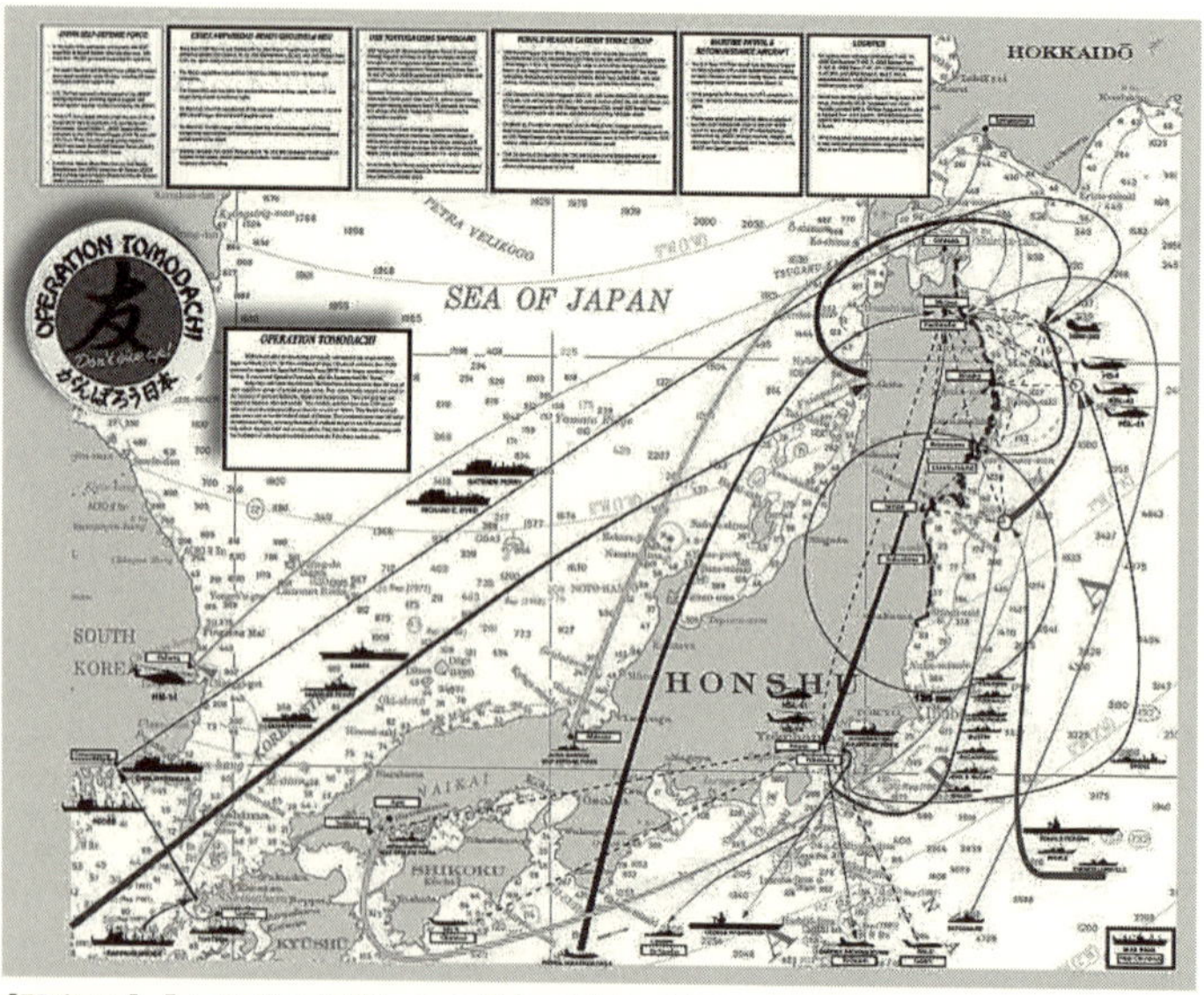

[写真53]「トモダチ作戦」での艦船の動き〔出典：横須賀での米軍医療部門シンポジウム（2013年1月28日）での発表資料から〕

う行動したのか」のなかで明らかにしたが、震災発生時フィリピン海で演習をしていた水陸両用部隊の強襲揚陸艦エセックス・揚陸艦ジャーマンタウン・ハーパーズフェリーは日本海経由で三月一九日に秋田沖に到着。ここで太平洋各地からかき集められた二一名の放射線アシスタントチームが到着するのを待っていた。この放射線アシスタントチームが乗り込むと、部隊は津軽海峡を東進して八戸港の沖合で約一週間待機していた（この場所はちょうど空母レーガンが待機していた場所に近い。【写真53】）。日本政府と交渉をして上陸用舟艇で上陸できる地点を探し、三月二七日に宮城県気仙沼近くの孤島─大島に上陸する。これが米海兵隊の「トモダチ作戦」でのデビューだった。空母レーガンとちがい強襲揚陸艦エッセクスは最初から放射性物質の影響を避けながら行動し、秋田に到着後は放射線アシスタントチームの専門的な指導のなかで、線量計ドジメーターを準備しながら慎重に行動したため、ほとんど深刻な放射線の影響は受けていないようだ。

空母ジョージ・ワシントンはなぜ「トモダチ作戦」に参加しなかったのか

以上のように、福島第一原発の近海を航行した空母レーガンや駆逐艦ジョン・S・マケインが被曝をしていることは理解できる。そこで今回米軍・国防脅威削減局（DTRA）が出した報告書で各艦船での被曝線量の計算値を示してみる【表1】。すると不可思議なことに気がつく。空母レーガンよりも空母ジョージ・ワシントンのほうが数値が高いのだ。全身放射線被曝線量で四倍、甲状腺被曝線量にして三倍も高い。これはいったいどういうことだろう。

［表１］米軍トモダチ作戦記録報告書による各艦船の被曝線量計算値（抜粋）

艦船名	全身被曝線量		甲状腺被曝線量	
	レム（rem）	ミリシーベルト（mSv）	レム（rem）	ミリシーベルト（mSv）
空母ロナルド・レーガン（CVN76）	0.008rem	0.08mSv	0.11rem	1.1mSv
駆逐艦ジョン・S・マケイン（DDG56）	0.021rem	0.21mSv	0.22rem	2.2mSv
強襲揚陸艦エセックス（LHD2）	0.002rem	0.02mSv	0.024rem	0.24mSv
揚陸艦ジャーマンタウン（LSD42）	0.002rem	0.02mSv	0.025rem	0.25mSv
揚陸艦ハーパーズフェリー（LSD49）	0.002rem	0.02mSv	0.028rem	0.28mSv
空母ジョージ・ワシントン（CVN73）	0.031rem	0.31mSv	0.31 rem	3.1 mSv

出典：国防脅威削減局技術報告書　Radiation Dose Assessments Fleet-Based Indivisuals in Operation Tomodachi, Revision 1)［DTRA-TR-12-041（R1）］ table9 Individual ship-based dose より抜粋して作成

空母ジョージ・ワシントンは三月一一日、横須賀基地一二号バースに係留され、定期的なメンテナンスを行っていた。ところが、三月一五日に〇・一五マイクロシーベルト（μSvh-1）の放射線を記録する。その後、一二時間の積算線量が二・〇マイクロシーベルト（μSv）となり、横須賀基地内では基地司令官による外出制限、換気を止める指示が出される。海軍は艦上での放射線量を〇・〇二ミリシーベルト（mSvh-1）以下としていることから、この値は大変な値だ。ちょうどこの日、東北地方から南に時計周りに渦巻くような風が吹き、福島第一原発からの放射性物質が東京湾を南下し、横須賀に放射性物質の降下物（フォールアウト）を降らせた［**写真54**］。その後も三月二一日深夜から二二日にかけて高濃度の放射性物質が降っている［**表2**］。あわてた米海軍は三月二一日、横須賀海軍工廠の職員やピュージェット・サウンドの職員らを乗せたまま日本の南海に急遽移動した。その後も海上にと

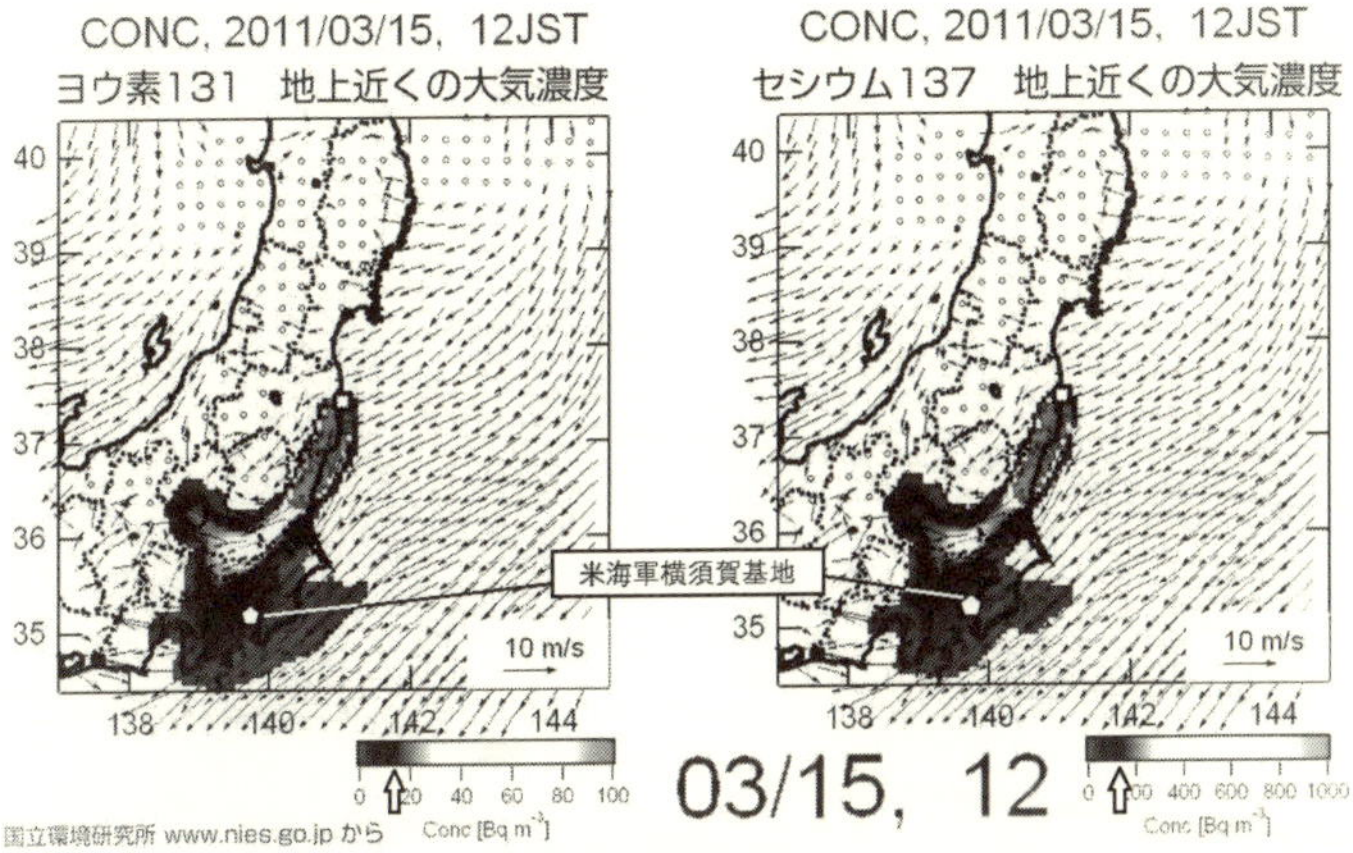

[写真54]国立環境研究所による放射性物質の地上近くの大気汚染濃度シミュレーション　2011年3月15日12時［出典：国立環境研究所ホームページをもとに筆者作成］

［表 2］横須賀基地での外部放射線量の測定値

日付	時間	放射線量 μSvh^{-1}
2011年3月15日以前		0.000235
2011年3月15日	5：00	0.024700 ※1
	6：00	0.154000
	7：00	0.171000
	8：00	0.080600
	9：00	0.059600
	10：00	0.161000
	11：00	0.409000
	12：00	0.507000
	13：00	0.507000
	14：00	0.171000
	15：00	0.112000
	16：00	0.091000
	17：00	0.084100
	18：00	0.084100
	19：00	0.087600
	20：00	0.112000
	21：00	0.129000
	22：00	0.115000
	23：00	0.087600
2011年3月16日	0：00	0.192000
	1：00	
		※2
2011年3月21日	22：00	0.259000
2011年3月22日	0：00	0.266000
	1：00	0.266000

※1：3月14日福島第一原発 3号基水素爆発。 ※2：3月21日福島第一原発 3号基より灰色煙発生。

出典：国防脅威削減局技術報告書 Operation Tomodachi Registry：Radiation Data Compendium［DTRA-TR-13-044］Table18 External Radiation Dose rates for 13DARWG locations and IMS-Takasakiより抜粋し作成

どまって修理を続け、日本に戻ってきたのは四月六日佐世保であった。佐世保でメンテナンス職員を増員し、再び洋上に移動。結局、横須賀に戻ってきたのは四月二〇日であった。また、第五空母航空団はいち早く三月一七日には厚木を離れ、グアムに避難。厚木への帰還は四月二一日であった。横須賀を母港とする原子力空母ジョージ・ワシントンは、結局「トモダチ作戦」に参加することなく、放射能を避けて温存を図ったといえる。

空母は米海軍の覇権の主力だ。放射能でその能力を失うのを一隻にとどめ、日本のはるか南でメンテナンスに集中し、安全性を確認したうえでまずは佐世保に入港したということだろう。しかし、空母レーガンよりも空母ジョージ・ワシントンのほうが被曝線量が高いということは、首都圏の放射能汚染は私たち日本人が考えるよりも深刻なものだということを示しているのだろう。空母ジョージ・ワシントンは、出港後すぐに飛行甲板の除染作業を行っている。私たち在住する日本人はなんの除染作業も行われなかったし、飲み水もそのまま浄水場から水道管で供給された。日本人の全身被曝線量、そして甲状腺被曝線量は空母ジョージ・ワシントンよりも値が高くて当然であるし、内部被曝線量も同様と考えられる。

米軍が明らかにした日本各地の放射線被曝線量

次に、米軍の二〇一二年から二〇一五年に発表した日本各地の放射線被曝線量の一覧を見てみよう【表3、表4】。これらの表は、それぞれ全身被曝線量と甲状腺被曝線量の「トモダチ作戦記録」から作

［表３］日本各地の全身放射線被曝線量計算値（米軍トモダチ作戦記録より抜粋）

（単位：mSv）

場　所	年　齢					成　人	人道支援従事者
被曝評価および記録作業委員会 DARWG による	0～1歳	7～2歳	2～7歳	7～12歳	12～17歳	17歳以上	
三沢空軍基地（D1）	0.07	0.07	0.06	0.06	0.06	0.03–0.06	0.06
仙台空港（D2）	—	—	—	—	—	0.43–1.0	1.2
石巻市（D3）	—	—	—	—	—	0.28–0.68	0.79
山形市（D4）	—	—	—	—	—	0.17–0.35	0.36
百里基地（D6）　自衛隊	1.40	1.60	1.00	0.74	0.71	0.30–0.67	0.75
小山市（D7）	—	—	—	—	—	0.33–0.76	0.87
横田空軍基地（D8）	0.88	0.99	0.71	0.55	0.53	0.24–0.51	0.55
赤坂プレスセンター（D9）	0.79	0.90	0.61	0.46	0.44	0.19–0.42	0.46
厚木海軍航空基地（D10）	0.69	0.82	0.56	0.41	0.39	0.18–0.37	0.39
横須賀海軍基地（D11）	0.63	0.77	0.51	0.36	0.33	0.15–0.31	0.33
キャンプ富士（D12）	0.28	0.35	0.24	0.17	0.15	0.07–0.14	0.15
岩国海兵航空基地（D13）	0.04	0.05	0.03	0.02	0.02	0.01–0.02	0.02
佐世保海軍基地（D14）	0.05	0.07	0.04	0.03	0.03	0.01–0.03	0.03

出典：国防脅威削減局技術報告書　Radiation Dose Assessments for Shore-Based Individuals in Operation Tomodachi, Revision 1 [DTRA-TR-12-001（R1）] table33,39 より抜粋し作成

［表４］日本各地の甲状腺放射線被曝線量計算値（米軍トモダチ作戦記録より抜粋）　（単位：mSv）

場　所	年　齢					成　人	人道支援従事者
被曝評価および記録作業委員会DARWGによる	0～1歳	1～2歳	2～7歳	7～12歳	12～17歳	17歳以上	
三沢空軍基地（D1）	0.14	0.15	0.11	0.09	0.08	0.03-0.07	0.07
仙台空港（D2）	—	—	—	—	—	3.8-9.8	10.2
石巻市（D3）	—	—	—	—	—	1.4-4.0	5.0
山形市（D4）	—	—	—	—	—	1.9-4.2	4.5
百里基地（D6）　自衛隊	23	27	17	10	9.6	3.5-8.6	10.0
小山市（D7）	—	—	—	—	—	3.8-9.7	11.0
横田空軍基地（D8）	12	14	8.8	5.4	5.1	1.9-4.5	5.3
赤坂プレスセンター（D9）	12	14	8.6	5.3	5	1.8-4.4	5.2
厚木海軍航空基地（D10）	9.9	12	7.7	4.7	4.1	1.6-3.7	4.1
横須賀海軍基地（D11）	9.9	12	7.7	4.6	4.1	1.6-3.6	4.0
キャンプ富士（D12）	4.6	6	3.6	2.2	1.9	0.78-1.7	1.8
岩国海兵航空基地（D13）	0.67	0.87	0.53	0.32	0.28	0.11-0.25	0.27
佐世保海軍基地（D14）	0.85	1.1	0.67	0.42	0.35	0.15-0.32	0.34

出典：国防脅威削減局技術報告書　Radiation Dose Assessments for Shore-Based Individuals in Operation Tomodachi, Revision 1［DTRA-TR-12-001（R1）］table34,40より抜粋し作成

成したものである。これをみると、年齢別に放射線被曝線量をきめ細かく計算している様子がわかる。これは「トモダチ作戦記録計画（ＯＴＲ）」が以下のことを当初から計画していたからだ。それは、まず陸軍公衆衛生研究所（ＡＩＰＨ）が中心となって「トモダチ作戦指導委員会」を設置したという。そして被曝線量は、以下の項目について計測するとしている。「艦上乗組員・航空機乗務員・Ｊビレッジに向かった職員らの被曝線量、三ヵ月未満の胎児・三ヵ月以上の胎児・妊婦に対する被曝線量、福島第一原発からの放射性物質を摂取または吸入したかもしれないものの被曝線量、授乳をしている婦人の放射線量」などを対象として放射線量を測定していた。国際放射線防護委員会（ＩＣＲＰ）勧告六〇を米軍は基準にしている。一般公衆で一ミリシーベルト（mSv）を一つの基準にしているが、それに照らしても心配な値が出ている。殊に甲状腺被曝線量では東北から関東周辺での大人（一七歳より上）の値の高いところが軒並みみられ、子どもでは非常に問題のある値となっている【表4】。深刻なデータだ。日本人はそこで在住し、すでに五年も経過している。「トモダチ作戦記録計画」では、二〇一一年三月一一日から五月一一日までの六〇日間の集計データだ。仮に単純に積算放射線量で考えると、年間でこのデータの六倍、五年で三〇倍ということになる。そんななかで、私たち日本人は生活することを余儀なくされているということになる。

なぜキャンプ座間のデータは一切ないのか

この報告書が日本社会に警告するものは、以上にみたように大きなものがある。しかし、米軍・米国はそんなに甘い国ではない。よくこのデータをみてみると、決して正直に全面的な報告をしているわけではない。報告は在日米軍基地を中心にデータを収集し分析しているが、そのなかに茨城県の百里基地が入っている。仙台空港や石巻、山形にも米兵は行ってはいるが、細かな分析はしていない。百里基地は自衛隊の基地だ。なぜここだけは横田や横須賀など他の米軍基地と同様に細かく分析し、成人以外にも子どもの被爆線量の計算値まで出しているのだろうか。

さらにデータを精査すると、在日米陸軍の拠点である神奈川県座間市のキャンプ座間のデータは一切明らかにされていない。これはいったいどういうことか。キャンプ座間には米陸軍公衆衛生軍団太平洋区が存在し、ハワイ以西では最大の海外拠点だ。そして今回の「トモダチ作戦」でも、米本国の陸軍第九戦域医療研究所（AML）の兵員一九人のうちの何人かが横田の統合支援部隊（JSF）の司令部公衆衛生部に配置され、残りがこのキャンプ座間で日本中のフィールドに展開する兵員・政府職員の放射線量計ドジメーターの配布と管理を行った。さらに同基地では、米軍基地内に納入される全食品の放射能検査を実施していた。まさに「トモダチ作戦」の横田とならぶ中核基地であったのだ。

しかし、キャンプ座間のデータだけはまったく出てこない。キャンプ座間でこの「トモダチ作戦記録計画（OTR）」に参加したのは軍人や家族、政府職員、民間雇用者などで一八〇七人だ。全体では陸上施設で五三三〇六人、海軍艦船で一七四〇〇人の合計七万人に及ぶデータ協力者がいたわけだが、約三%のデータが明らかにされていない。このような調査結果に信頼性があるのだろうか。全国から放射能や放射性物質、放射線で汚染された水や食料、土や草などが座間に集中したわけだから、異常に高い放射能の値が出ているのだろうか。データがないものはわからない。なぜ米軍は座間のデータを隠すのだろう。なお余談だが、二〇一五年に発覚した「炭疽菌の持込み」問題でもキャンプ座間からは説明がない。

米軍の線量計では低線量が計測できない

今回の福島第一原発事故の最大の特徴は、今までに観測されていない低線量での被曝であることだ。広島・長崎では原子爆弾という高線量の爆発物による放射線障害が問題になった。それは戦争中でもあったことから事故直後・爆発直後からの様々な観測ができなかった。そのために爆心（グランド・ゼロ）からの半径で放射線の影響が考えられた。しかし、現実の被爆は爆発によりたくさんの放射性物質がいわゆる「黒い雨」、「死の灰」として風にのって振り撒かれた。これが放射性降下物（フォールアウト）だ。だんだんと研究が進むにつれ、放射能の雲＝プルームが重要であることがわかってきた。しかし、いまだに高線量での被曝しかデータがないので確かなことは言えないというのが現状だ。低線量での長時間に及ぶ放射能汚染が、どのように人間の生命と健康に影響を及ぼすのかは未知の領域だ。放射線は蓄積して健康に影響が現れることが知られている。だからこそ、低線量でも長期間続けて被曝を受ければどのような結果になるかを知る必要がある。

ところが、米軍の使用しているほとんどの放射線量計ドジメーターは、核戦争を想定して高線量での検知ができるようにしかなっていない。検出限界値以下は値がゼロになってしまう。高い値を集めての記録になっていて、低線量はほとんど測定できていないのだ。

米軍では陸・海・空軍それぞれに、使用する線量計ドジメーターが異なっている［表5］。空軍はTLDドジメーターと電子携帯線量計EPDドジメーター、海軍はTLDドジメーター、陸軍はOSLドジメーターを使っている。どの機種も高い線量を計測するようにできており、福島県内や周辺各地

［表5］米各軍の放射線量計ドジメーターの種類と有効測定範囲

軍	種類	型番	有効測定範囲	その他
陸軍	OSLドジメーター	Panasonic UD-802AS	1mrem–1000rem (10μSv-10Sv)	積算総線量を記録
海軍	TLDドジメーター	DT-702/PD	0.1mrem–2000rem (1μSv–20mSv)	積算総線量を記録
空軍	EPDドジメーター	Termo MK2	0mrem–1600rem (0μSv–16Sv)	電子式、積算総線量、継時変化測定可、アラーム機能（200mremh-1［$2mSvh^{-1}$］か積算200mrem［2mSv］で警報）
	TLDドジメーター	Panasonic UD-802AT	10mrem-1000rem (100μSv–10Sv)	積算総線量を記録

出典：国防脅威削減局技術報告書 Radiation Dose Assessments for Shore-Based Individuals in Operation Tomodachi, Revision 1 [DTRA-TR-12-001（R1）] Appendix A. Radiation Instrumentation；Thermo Scientific EPD Mk2+ [Electronic Personal Dosimeter] カタログ；Panasonic DOSIMETRY カタログより作成

で測定された被曝線量である○マイクロシーベルト（μSv）よりも低い値が測定できない。横須賀に三月一五日に福島第一原発からの放射性降下物が降ったが、最初の測定値は○・一五マイクロシーベルト（μSvh-1）だった。これはどの米軍が使用している放射線量計ドジメーターでも検知できないレベルだ。横須賀基地ではその後も放射線量は増加し続けたが、一マイクロシーベルト（μSvh-1）を超えることはなかった。しかし、一二時間の積算で二・○マイクロシーベルト（μSv）を超えてしまった。一二時間経つまで、放射性物質の汚染が携帯型の放射線量計ドジメーターではわからない。原子炉の爆発や核爆弾の爆発により風に流されてくる放射能を一〇〇キロや二〇〇キロ離れたところで検知できないという事態になってしまったことになる。

氷山の水面下を知ることこそ福島の本質

これまでのTLDドジメーターなどでは、そのドジメーターを読取分析機にかけてはじめてその外部被曝した放射線量がわかる。いつどこで、どの程度の放射線にさらされたのかはわからない。その点、電子式EPDドジメーターはアラーム機能があり、経時的なデータを記録できる。測定できる下限は○マイクロシーベルト（μSv）で他とそれほど変わらないが、測定精度はより良い。すると、この報告書のデータの信頼性が問題になる。報告書にはこうある。個人用の線量計ドジメーターのうち一三個の線量計ドジメーターが高線量の二五レム（rem）＝○・二五ミリシーベルト（mSv）を超えた、それは全体の○・四パーセント（％）である、と全体の被曝線量が低いということを印象づけたいようだが、三一九六の個人用線量計ドジメーターのうち、九四%が○マイクロシーベルト（μSv）以下の低放射線量そのものを検知できていない。その能力がドジメーターになかった。信頼できるのは、たった六パーセント（%）の線量計データなのである。

「氷山の一角」という言葉がある。氷山は巨大な氷の塊だ。それは海水に浮かんでいる。私たちに見えるのは海水面から上だけの部分だ。しかしこの氷山の恐ろしさは、見えない海水面の下の部分にある。氷山の大部分がこの水面下あるからだ。氷山は見かけよりも巨大で大きなエネルギーを持っている。その実体は見えない水面下の大きさにある。まさにこれと同じことが、今回の福島第一原発事故の本質である。水面下に巨大に潜む低放射線量をつかむことなしに、正しい評価などできない。

今回の福島第一原発事故で大事な点は、低線量での被曝の実態を明らかにすることであり、高線量ではないから安心せよ、などというのは大きな間違いである。そもそも、そうした低線量を検知し備えることができていなかったことにこそ重大な欠陥があり、それをあたかも被曝線量が小さいかのようにデータを「駆使」して示そうとすることは、事実を正視しない誤りである。福島第一原発事故の大切な点はこのドジメーターで値がゼロにされた、九四パーセント（%）の検知できなかった隠れた線量こそ問題なのである。

■冷静な米軍の作戦行動とデータ収集

ここまで見てきたように「トモダチ作戦記録」は、広島・長崎以来の実際の被曝データの収集と検証作業であり、それは被曝データとしては米軍にとって大変貴重であり、その情報の公開、さらには九・一一以降の危機管理体制の政府・軍・行政の動員としては画期的なものといえるだろう。しかし、まだ米国でさえそうした核危機や核戦争に対しては脆弱で混乱をともなうものであることが露呈している。しかしその一方で、七万人もの協力を得て非常に細かく、さらには日本国内を自由に非常にくまなくデータ収集していたことは、これまでみてきたとおりである。「トモダチ作戦」では兵員約二万四〇〇〇人が参加した。一方、放射線量をモニタリングし、記録する「トモダチ作戦記録計画（OTR）」には約七万人が参加している。自衛隊の東日本大震災への動員は一〇万人だ。どれほど米国と米軍が放射線の計測とデータ収集に力を入れたかがわかる。むしろ「トモダチ作戦」とは、核事故や核危機に対する米政府と軍の初の海外で実施する危機管理演習になった。そして広島・長崎以来の最も大規模な放射線・放射能データ収集の場であった。さらに米軍と米政府は、むしろ日本政府をリードして、他国の国内でそれをやり遂げたといえる。

それでも個人の被曝線量は公表しない

「トモダチ作戦記録計画（OTR）」は、実は三月一一日にはすでに始まっていた。三月一二日には核専門家先遣隊が来日し、三月一六日には一九名の国家核安全保障局（NNSA）を中心とする核専門家が横田に必要な機材とともに到着。三月一九日までには簡単なスクリーニングシートができていた。そして七月の兵員以外にも協力を求めるための呼びかけとなった。このとき彼らははっきりと述べている。個々人の被曝線量を示すことをしない。あくまでもこのデータの使用は第一に分析、第二に分析、そして非応答の分析だと明確に表明している。しかし、七万人もの兵士だけでなく家族、政府関係者、民間人雇用者なども協力しており、これだけ情報公開の原則が進んでいるなかで一定の公開もしないわけにもいかない。そこでとられた措置が、平均値としての各陸上基地や艦船別での調査期間六〇日間の全身被曝線量の計算値と甲状腺被曝線量の計算値だ。それはこれまでみてきたように巧みにデータを「駆使」して全体の被曝線量は低い、高い線量は被曝していない。全体の被曝線量は〇・〇五シーベルト（Sv）＝五〇ミリシーベルト（mSv）以下であるから、直接病気につながるような値ではないとしている。

しかし矛盾している。かれらが基準として採用した国際放射線防護委員会（ＩＣＲＰ）の一般公衆の基準では一ミリシーベルト（mSv）だ。その五〇倍もの基準を一般の兵士や家族にも当てはめている。

長期的な観察が必要――結果は三〇年後に

米軍が一九五〇年代に核実験を繰り返していたころ、たくさんの兵士がその実験で被曝した。その後三〇年ほど経過した一九八〇年ころに、少なくない退役軍人が癌などの病気を発症したという。米国では退役軍人会は大きな圧力団体だ。そうした背景のなかで先に示したＤＳ86が発行され、その放射線降下物の風による影響を考慮したＤＳ02が出てきた経緯がある。今回の福島第一原発事故の特徴は、低線量の長期被曝である。広島・長崎などの高線量の直接被曝ではない。急性放射線障害はでにくいが、私たちがこれまで経験したことのないことが起こるかもしれない。それは二〇年、三〇年しないとわからないだろう。一年や五年の短期間ではわからないだろう。すでに事故当時一八歳以下であった子どもについては、福島県により健康診断が行われている。二〇一五年末までに一六六人の甲状腺癌あるいは癌の疑いが見つかっている。福島県の検討委員会中間とりまとめ最終案では、「数十倍のオーダー（水準）で甲状腺がんが発見されている」としている。また、同報告書は「放射線の影響の可能性は小さいとはいえ現段階ではまだ完全に否定できず、長期にわたる情報の集積が不可欠」としている。問題なのは、事故発生からヨウ素一三一が放出されて八日間で半減期がきてしまうことだ。発生時の精密なデータがないので正確なことは言えないというわけだが、「数十倍」の甲状腺癌発見率が説明できない事実は変わらない。

目に見えない、わからない問題であるがゆえに、データをオープンにして変化を追うことが必要だろう。二〇一六年三月一六日付米軍「星条旗」紙は、「トモダチ作戦」から五年経過した時点で、米海軍高官の話しとして「トモダチ作戦」に参加した艦船のうち「まだ一三隻が放射能汚染の兆候がある」と報道している。その汚染の部分は換気システムやメインエンジン、発電機などの入り込むことのできない部分だという。「空母レーガンの喚起システムは〇・〇一ミリレム（mremh-1）＝〇・一ミリシーベルト（mSvh-1）で汚染されていた」と言っている。また、空母レーガンの乗組員の一三五〇人は事故後の海軍のモニタリングを受け、その九六パーセント（％）が内部被曝は検知されなかった」としている。これはなにを意味するのであろうか。いまだに空母レーガンは放射能に汚染されており、そのエアコンなどの喚起システムで人の入り込むことのできない部分、配管や熱交換器の部分などに〇・一ミリシーベルト（mSvh-1）の汚染がある。これは一〇〇マイクロシーベルト（μSvh-1）に相当する。決して低い値ではない。非常に高いだろう。その配管や機械のなかには極小さなホコリなどもあるだろう。こうしたものが常に空母レーガンの中を循環していて、そのごく微量を乗組員は吸い込むことになる。

同様に日本各地に振り撒かれた放射能も五年を経て様々な場所に集積し、ホットスポットを形成しているだろう。米兵にとっても私たち在住する日本人にとってもきちんと調査し、対処していかなければならない問題だ。今も福島第一原発の被爆は続いているのだ。日本人・米国兵のちがいなく日本政府が責任をもって対応しなければならない問題だ。

14　米国の国家利益と日本

大規模災害はどこの国でも起こりうる。そうした事態に対して近隣諸国が救援の手を差し伸べることは、いまの国際社会では常識になっている。しかし一方で、歴史や文化は国によって違うこともまた忘れてはならない。日本と朝鮮、中国、アジア諸国との関係にみるように、第二次大戦で起こったことがいまだに清算されず、国民の被った傷が癒えていない例もある。私たちはそうした事実を知ったうえで行動する必要があるだろう。かつてのシベリヤ出兵や中国大陸への領土拡張にみられるような、国難を口実にした火事場泥棒的な行為は許されない。最も大切なことは、その国の主権を尊重した援助の姿勢である。

誰のための原子力か

東日本大震災による被害は甚大だったが、最も深刻なのは原発事故だろう。私たち日本人は今回の大震災が起こるまで、日常生活がこれほどまで原子力発電に多くを依存しているとは考えていなかったのではないだろうか。『エネルギー白書』（二〇一一年版経済産業省）によると、原子力発電の全発電電力量に占める割合は一九七三年にはわずか三％だったのが、二〇一〇年には三一％になっていた。この四〇年近くの間に、全電力の三割を原子力発電に依存するようになっていたのだ。

日本の原子力発電は、一九六三年一〇月に米国から導入した動力試験炉ＪＰＤＲ（ＢＷＲ型‐沸騰水型炉）の茨城県東海村での運転開始が出発点だ。この原子炉は米国のゼネラルエレクトリック社（ＧＥ社）が設計と燃料加工を行い、日立製作所と日本原子力事業が製造を担当した。その後、電力各社は米国が開発した軽水炉の導入に踏み出すことになる。この軽水炉には米国ウエスティングハウス社（ＷＨ社）の開発した加圧水型炉（ＰＷＲ）と、ゼネラルエレクトリック社（ＧＥ社）が開発した沸騰水型炉（ＢＷＲ）がある。その商業用原子炉の最初のものが福井県敦賀原発一号炉（ＢＷＲ：

GE社、日立グループ）で、一九七〇年三月一四日に営業運転を開始した。続いて福井県美浜原発一号炉（PWR：三菱グループ）が一九七〇年一一月に、福島県福島第一原発一号炉（BWR：GE社、東芝グループ）が一九七一年三月一六日に、それぞれ営業運転を開始した。WH社とGE社は、米原子力委員会のもとで艦船用の原子炉を開発。米海軍の原潜の原子炉はすべてWH社の加圧水型炉（PWR）といわれる。以後、日本のすべての原発は沸騰水型炉（BWR）か加圧水型炉（PWR）が使用されている。つまり、日本の原子炉は米国の技術・設計による改良型であり、その技術を受け継いだ日立や東芝、三菱などの大企業グループが施工と運用、保守・管理を行ってきたということだ。まさに米国によって育てられた原子力産業と言っていいだろう。

原子力エネルギーには資源としての核物質（六フッ化ウランや二酸化ウラン、プルトニウムなど）が必要だが、その核物質を加工し、濃縮できる技術、さらに原子炉を設計・建設し、稼働させ、保守・管理していく高い技術力と保安能力が求められる。しかし、日本の原子力発電の歴史を振り返ると、常に配管の損傷や劣化、ピンホールによる放射能漏れ、制御棒駆動装置の異常などの不具合や事故が絶えなかった。こうした事故を未然に防ぐためには厳しい保守点検が必要であり、そのためにはどうしても現場に人が立ち入らねばならず、作業員の被曝の低減が課題となった。

原発をプラントとして輸出するには、設計・建設から保守・管理に至るまで、高い技術とそれを受け継ぐ人材の育成、被曝を防ぐための豊富な知識と経験が必要不可欠である。今回の米政府機関や軍の行動は、まさにそれを内外に示すものであったとも言える。日本ができないなら、われわれがやる

――ということだ。人的にも物的にもその国に多大な影響力を及ぼす国家的プロジェクトが、原子力プラントの輸出なのである。

エネルギー・食料を外国に依存、そして防災まで

考えてみれば戦後日本は、アメリカに倣い、アメリカを後ろ盾としてアジアに対してきた。米国にとっては、アジアの窓口が日本だったとも言える。国がその独立を保っていくうえで、政治的独立や軍事的独立は前提要件だとしても、経済的独立には困難な問題が付きまとう。とりわけ深刻なのは、食料とエネルギーである。

戦後の食糧難の時代に始まったMSA小麦がきっかけで米に特化してきた日本の農業は、きわめて低い食料自給率を余儀なくされてきた。それが現在では小麦や食肉、果ては米まで輸入するようになり、私たちの食卓に並ぶもので自給できている食料はほとんどなくなってしまった。さらに、今回の原発事故は首都圏の食料の主要な生産地であった東北地方や北関東に甚大な被害を与え、唯一安心で安全であると思われていた「国産農産物」までもが放射能の不安にさらされることになった。学校給食などへの放射能測定は、いまや全国の自治体で行われている。

また地震や津波、火災や水害、台風被害などの自然災害に対する備えでも、見過ごせない事態が着々と進行している。それは三・一一以来、防災訓練や避難訓練に自衛隊や米軍が参加するようになり、ヘリコプターなどの機材に強い関心と期待が集まっていることだ。自衛隊や米軍はあくまでも戦

争に対処する専門の部隊要員であって、救助活動を目的に訓練を受けているわけではない。したがって今回の震災でも、被災者の捜索はできるがガレキの撤去などはその任務ではなく、一時的に部隊は動員できるが、継続的に被災地の支援や救助、復興に向けて動くことはなかった。一〇〇人の軍隊よりも二〇人の消防レスキュー隊員のほうが能力や錬度が高く、装備も優れている。これだけ毎年のように激甚災害が発生する国で、その備えをもった専門の部門や部隊を恒常的に編成できていないことが不思議でならない。ましてや、自国の自治体での防災に外国の軍隊が組み込まれている国など、日本以外どこにもない。

こうした奇妙な現象は、実は震災前から見られたことだった。こんな事例がある。二〇一〇年九月、栃木県の消防学校が米軍横須賀基地にやって来た。米海軍の消防隊とのあいだで消火器の使い方や装備などについて交流し、研修を行ったのだ。もちろん、栃木県消防学校と米海軍とは何の縁もない。栃木県には米軍基地は存在しないから、火災や防災の事件が発生した場合でも、共同して対処することはないのだ。それとも横須賀で「すわ一大事!」という際に、栃木県消防が駆けつけるという協定でも取り交わしているのだろうか。わざわざお金をかけて横須賀基地に研修に行くぐらいなのだからよほど大事なのだろう。こうした事実は地元栃木県では報道されていないようだが、米海軍は海軍のビデオニュース「デイリーニュース　アップデイト」でこれを報じている【写真55】。米軍も人の子であり、いざ震災でも起これば私たち日本人と同じように被災者になる。互いに助け合うことは必要だが、あくまでもそれは軍隊。どんな状況になろうとも、決して基地内への一般人の立ち入りは許さな

［写真55］米海軍横須賀基地で研修をする栃木県消防学校学生〔出典：米海軍ビデオ「デイリーニュース・アップデイト」2010年9月〕

い。そこは日本ではない米国の「領土」だからだ。そもそも米軍のヘリは何機もあるわけではない。現在考えられている東南海地震規模の災害時には、自分たちだけで手一杯なのは目に見えている。

二〇一二年一一月七日、米軍横須賀基地で米海軍と海上自衛隊との合同衛生訓練が行われた。この時の想定は、相模湾で震度7の激震が発生。米海軍横須賀病院が倒壊、多数のけが人が出たというもの。これには海上自衛隊約二〇〇人、米海軍約三五〇人が参加した。そのなかの一部のけが人は自衛隊横須賀病院に搬送し、さらに重症者は米海軍ヘリポートから東京都世田谷区の自衛隊中央病院に搬送するというものだった。こうした訓練も、現場の兵士や医療チーム（EMATやERT）がトリアージの手続きを経験することに意味があるのだろうが、はたして基地ゲートの外で民間の日本人が逃げまどい、基地内と同じように火災が発生して負傷者が出ていたとしたら、彼らは何を基準に救助の優先順位を決めるのだろう。

今後も続く被曝データ計算値の分析とモニタリング精度の向上、そして危機管理（CM）初動態勢の検証

アメリカという国は実に緻密に計画を組み、専門家集団を交えて作戦計画を立てる。さらにそれをマニュアル化して、その後の実戦の経験を積み重ねて改善していくことに長けている。それだけではない、マスコミをいかに管制下におくかということにも長けている。作戦行動のある段階からは、必ずマスコミ対策を軍が一元化するようになっている。そのためか、今回の「トモダチ作戦」も五月からはほとんど報道されることはなく、私たちはその実態を知る機会は奪われていた。今回、取材の窓口は自衛隊ＪＴＦ（災統合任務部隊—東北）に一本化され、ほぼ完全に自衛隊の管制下にあった。ある意味、知らなくて当然なのだ。しかし、外国の軍隊が戦争状態でもないのに、当該国を自由に活動できるなどということは主権の侵害に当たり、あってはならないことだ。

米エネルギー省（ＤＯＥ・ＮＮＳＡ）と米軍は何の目的で福島第一原発の放射線量と放射性降下物のモニタリングやサンプリングをこれほど長期にわたり、かつ精細に行ってきたのだろうか。一つ大事な点は、基地周辺住民や周辺自治体にはいっさい報告や情報の告知はなかったことだ。たとえば、横須賀での定点ポイントでのモニタリングの結果は、もちろん横須賀基地の風下の谷合にあり、横須

賀基地に放射性降下物が降塵したことを示すデータにもなるが、同時に周辺住民の大切な水道の浄水場（逸見浄水場）の風下にも当たり、そこで放射性降下物が観測されるということは、周辺地域一帯の横須賀市民の水道水が汚染されたことを意味する。しかし、こうした観測をしている事実もデータも、ましてや基地内での観測点でのデータもいっさい公表されなかった。こうした事実は、米軍基地の放射能に対する警報発令のためではあっても、周辺住民や自治体の安全や警報を出すための一助にしようという意図はなかったということだ。政府間、軍同士は「同盟国」ではあっても、国民は別ということか。

さらに、これは米軍基地が集中する南関東平野の問題もあろうが、風下の南関東平野に放射性降下物が降塵する茨城や千葉など、東京都の足立区や葛飾区など東京湾を南下する北東の風が通り抜ける場所で放射線量と放射能のモニタリングとサンプリングを行っており、実際にその地域に放射線量計（ドジメーター）を携帯した兵士を送り込んで、被曝線量を計測している。横田や大使館、横須賀、座間、横浜、厚木などの米兵や家族のいる地域に放射線の警報を発するために、モニタリングなどをしていたことは推察できるが、そこへわざわざ生身の兵士を送り込んで被曝させ、被曝データを収集するなどということは尋常ではない。そこまでするほどに、実際の地上での被曝データ収集は大切なものであったということか。

また、福島第一原発周辺の航空機による航空機放射線学測定システム（ＡＭＳ）のデータ収集も、実際の核施設の事故では初めての活用となった。高度数百メートル上での速度の速い航空機（Ｃ12小型機）［写真28］やヘリコプター［写真29］による、観測機器とコンピュータを積んだ精密な観測。地上での実際のデータとの差はどれくらいになるのか。そうした測定値の計算についていままでの方法が正しいのか、修正が必要なのか。それは、実際に放射線量と放射能のモニタリング・サンプリングを現地で行ったものと照らし合わせなければわからない。であるからこそ、福島県の各地、とくに中通り（福島市、郡山市、白河市など）は何度も繰り返し測定を行っている。この航空機放射線学測定システム（AMS）の精度と計算値の修正には関心が高く、米エネルギー省（DOE・NSAA）はこの機器を一定の期間日本政府に貸与している。

それは米国の国家利益、核戦略とエネルギー政策と結びつく

この「トモダチ作戦」をめぐる原発事故への対応で、米政府が強引な手立てを使ったことがいくつかある。「日本政府がこのまま原発事故の対応策をとらずにいるなら、米国人を強制退避させる可能性がある」と、「米政府首脳」の発言として首相官邸に三月一六日までに伝えられていた（「朝日新聞」二〇一一年五月一五日付）。三月下旬から四月に日米連携チームが軌道に乗るまでの間、米専門家が首相官邸に常駐していた（「朝日新聞」二〇一一年四月二一日付）。海兵隊の化学・生物事故即応部隊（CBIRF）一五五名が三月三一日に横田へ到着し、いつでも福島に行ける準備をして四月二三日に本国へ撤収するまで横田に待機していた。原発事故の処理について日本政府がやらない、できないのなら、米政府と軍がやるという意思表示だ。

「海外における危機管理（ＦＣＭ）」の基本は、あくまでも最終責任は当該国の政府にあるということだ。だからある一定の段階まで達したら、当該国に活動を移譲する。もちろん今回の福島第一原発の事故は日本国に原因があり、最終的な責任は日本国政府にあるのだが、先に述べたように福島第一原発は日本でも初期の一九七一年三月一六日に商業運用を始めた日本で四番目に古い原発であり、沸騰水型（ＢＷＲ）でゼネラルエレクトリック（ＧＥ）社製だ。商用運転として最初の原発である茨城県の東海村原発は一九九八年に運用を終え、解体作業に着手している最中だった。

現在の海軍の原子炉のほとんどはウエスティングハウス（ＷＨ）社製で、今回公開された米原子力規制委員会（ＮＲＣ）の議事録には電話による次のような会話が記録されている。

■三月一一日の会話（「東京新聞」二〇一二年三月一三日付より抜粋）

《企業幹部》米ＧＥ社からは、福島と同じタイプの原発の操作手順と過酷事故（シビアアクシデント）の対応ガイドラインを求められた。福島第一は問題の多いユニットだ。ベント（排気）が必要になり、ＧＥはその支援をする。

《出席者》あなたが連絡を取っているＧＥのスタッフと連絡が取れるか。想像通りだが、福島で信頼できる情報が何もない。情報がほしい。

《企業幹部》ＧＥからもかなり断片的な情報だ。ＧＥがわが社のガイドラインをほしいのは、日本に事故を想定した緊急の手順書がないからだ。

■三月一二日の会話

《出席者》あと半日もして、事故が落ち着くと、議論は米国に移る。米国の原発は大丈夫かと。
《出席者》メディアには、まだ何も発言しなくていい。すべての注目は、日本に集まっている。

米国が国策でプラント輸出した軽水炉型（沸騰水型ＢＷＲ）原子炉。ここでこの福島の事態を解決できなければ、それが自国の原子炉の問題に跳ね返ってくる。さらにそれは海軍の運用している原子炉にも波及し、専門的知識を持っている技術者も国民のなかに多いだけに、国民の不安は少なくなく、すぐに情報はネット上に出さなければならない。そして、それは安全保障上の問題にも発展しかねない。だからこそ精力を注いで問題を解決しようとしたわけで、同時に米国には解決する能力と意思があることを国内にも国際社会にも発信する必要があった。

■若い世代の米国支持者を長い目でつくりだす

原子力発電プラントの輸出は米国の国家戦略だが、一方でこれには危険もともなう。核物質の拡散にもつながり、大量破壊兵器の拡散にもつながる。だからこそ米国は国際社会において、核物質や大量破壊兵器の管理・規制と臨検態勢を呼びかけるうえで主導的役割を果たしてきた。いわゆる「大量破壊兵器の拡散防止構想（ＰＳＩ）」だ。これにもとづく海上船舶の臨検訓練を、いま日本も参加してアジア諸国で熱心に行っている。ここで米国と米軍が主導的な役割を果たすためには、各国の軍部との連携が必要になってくる。軍部同士の交流は、対立する国どうしでも危機を避けるためによく行われていることである。一定の手順を踏みながら、相互信頼を醸成させる措置でもある。そして原子力発電の運用と保守・点検には、相応の技術力と情報を共有できる企業、技術者集団が欠かせない。しかもそれを対等な立場で行うのではなく、米国依存・米国優位のかたちで進めていく必要がある。科学・技術者層における米国への信頼醸成と、親米派の育成である。

先進国における知的財産は一九世紀にはイギリス、二〇世紀に入ってからは米国に集中した。とくに第二次大戦後、知識と技術の集積地である米国は、世界の研究者・技術者たちの留学先の筆頭に上がってきた。経済学での新自由主義の流れは、ほとんどが米国への留学経験者によってつくられたと言える。自然科学やスポーツの分野も例外ではない。そしてこれが米国の外交上の力にもなっている。

かつて同様のことが日本でもあった。アジアに先がけて西欧に門戸を開いた日本には、多くの留学生が集まった。それが一〇〇年前の中国辛亥革命の土台をつくっていたといってもいいだろう。孫文も周恩来も日本への留学経験を持ち、多くの日本留学生が辛亥革命とその後の中国建国への流れをつくっていった。見方を変えれば、欧米列強の植民地支配に対して、日本はうまく西欧化、近代化を果たし、西欧の思想を柔軟に取り込んでいくことができたものの、米国の戦略は他のアジア諸国には単純に導入できない面がある。中国は欧米列強の植民地支配によって、国家を分断された歴史をもっている。またインドも英国に長期間支配されて、独立運動を闘った経験をもつ。さらにタイやベトナム、カンボジア、ラオス、フィリピン、マレーシア、インドネシア、ミャンマー（ビルマ）などでも、植民地支配に抗して独立運動が起こった。ベトナム戦争では米国の侵略は失敗に終わっている。こうしたことを考えると、アジア地域は将来の経済的な発展が予想されながらも、米国にとっては立ち回りにくい地域であることも事実だ。

今回の東日本大震災と「トモダチ作戦」を通じて、日米協会はネット上にホームページを立ち上げ、多くの留学生を対象に短期留学・ホームステイなどを実施した。こうやって長い時間をかけ、あらゆる機会をとらえながら米国支持者、親米派の開拓に取り組んでいる。「トモダチ作戦」は形を変えて、現在も続いているのだ。

学ぶ点も多い機動性と即応力、そして専門家集団の確保と養成

日本はこれだけ自然災害が多いにもかかわらず、なぜそうした事態に即応できる専門部署を持たないのだろうか。タテ割り行政と実態に合わない硬直的なシステムを批判する声は以前からある。一九九五年一月一七日に阪神淡路大震災が起きた時、官邸は事態をテレビニュースで初めて認識したという。以来、大規模地震発生の際にはヘリコプターを緊急発進させ、ビデオ録画するようになった。一九八〇年代に東海地震を想定した大規模地震特別措置法が制定され、大規模地震を事前に予知し、それに備えた法整備を行ったはずなのに、肝心な初動体制が欠けていたということだ。しかし、こうした状態はいまだに続き、通信設備や立派な中央指揮施設はできても、それが役に立たない事態が起

こりうることは想定していない。停電によって、電話やファックス、インターネットなどの通信手段が使えなくなることは考えていないといった、信じがたい「防災計画」になっている。予算をかけて立派な施設を作ることだけが「防災」ではないだろう。これでは、南方で食料もなく転戦する兵士の実態を知らず、劣勢が明確になっても神風攻撃で戦闘を有利に転換できるなどと信じ込んでいた第二次大戦中の大本営と変わるところはない。それに比べれば、米国の危機管理（ＣＭ）は合理的だ。核戦争が念頭にあるだけに、あらゆる最悪の事態を想定して、行動の基本をマニュアル化している。マニュアル化するということは、誰でもがその手順に従って行動できるということだ。全米に放射線、放射能の探知網をめぐらし、ある場所で異常があった場合に、外部から航空機で事態の正確な把握をするために専門の部隊を予め編成している。そして「一五分以内」「一時間以内」「四時間以内」「八時間以内」と時間を区切って、やるべき行動を定めている。機動力と即応力のある行動計画が事前に用意され、指揮官はそれを熟知している。さらに驚かされるのは、指揮官が交代してもそれが行えるように、専門のスタッフを育成していることだ。また、核施設や核物質、化学・生物兵器などのように目に見えず実態を把握することができないものに対しては、専門知識を持ち、きちんと訓練を受けたスタッフと部隊を保持している。こうした専門家のアドバイスを受けながら、事態に柔軟に対応していく。地震大国・日本には多くの経験やノウハウが蓄積されているのだから、それをもとに機動性と即応力のある行動計画を作ることは可能だろう。日本のように狭い国土に通信設備や道路網などのインフラがある国では、大規模な災害が起きた場合でも、七二時間以内に連絡がとれない、何の救助の手も差し伸べられないという事態は考えにくい。平素から政府行政、自治体と専門家のあいだで様々なケースについて研究・検討を行っていれば、こうした事態は避けられるはずである。また、地域の把握は学校区ごとに可能だ。

科学は国民のもの――科学の軍による囲い込みか、情報公開とフィードバックによる発展か

もう一つ特筆すべき点は、専門的知識をもった科学者集団を米国政府機関と軍が抱え込んでいることだ。今回の福島第一原発事故では、物理学者や科学者、技術者の役割が問われた。事故の発生当初、メディアに登場する科学者・技術者が、電力会社や原発推進派の側に立った発言を行ったために、国民に放射線量や被曝線量の科学的数値に対する混乱と不信感を与え、政府や電力会社からの事故情報への信頼を失わせていった。また一方では、ごく少数の科学者・技術者がみずからの地位を捨てて、放射線量の地道な調査や除染活動を続けていることも知られることとなった。その意味では、今回の原発事故は科学者・技術者の姿勢を厳しく問うものでもあった。

原子力の研究は、原発推進一色のように見える。これは研究自体に膨大な資金がかかり、一研究室の資金では限界があるからだ。それは必然的に、資金力のある電力会社や政府の庇護のもとでの研究活動となる。米国でもそれは変わらないだろう。しかし、一つだけ違う点がある。米国では海軍が運用する原子炉が世界中を動き回っており、そうした研究者の多くが軍と関係企業に囲われていることだ。さらに原子力空母や原子力潜水艦などは、戦闘の危険と、その艦船が搭載している兵器の誤爆発

による原子炉の損傷の危険に常にさらされている。つまり、安全でないのが当たり前なのだ。

実はそれだけではない。世界中のあらゆる軍事に転用できる可能性のある研究が、米国防総省によって調べ上げられており、資金援助の申し入れがある。日本の大学での様々な研究がその対象になっている（たとえばマイクロ波の研究＝建物の背後の物体を見分ける技術、ロボット技術の研究など）。こうした軍による科学技術の囲い込みが国民の生活感覚からの乖離を生み出し、科学者・技術者を象牙の塔へと追いやり、科学技術のゆがんだ発展に手を貸すことになる。また一方で、国民のあいだには科学者・技術者への不信と懐疑が広がり、それが若い人たちを科学技術から遠ざけ、いわゆる「理科離れ」を加速させる。

今回の福島第一原発事故は米スリーマイル島事故、旧ソ連のウクライナ・チェルノブイリ事故に次ぐ深刻な被害をもたらした。これは私たち日本人が誰も想像しなかった事態である。事故をきっかけに国民のあいだには、放射線や放射能についての科学的な知識への関心が高まっている。そうなると、それをわかりやすく伝えるための学校教育が求められてくる。また、国民の声を科学技術に反映させるための適切な情報公開と、市民運動や学習活動などを通じたフィードバックが重要になるだろう。それが科学者や技術者を逆に啓発し、科学技術の健全な発達にもつながる。これにインターネットなどのソシアル・メディアは大きく貢献するだろう。

米国は一九四三年にネバダで初の原爆実験を行い、次いで広島・長崎という実際に人の住む都市への原爆投下を経て、被曝者のデータを独占的に所有してきた。その後、ビキニ環礁での核実験、ネバダでの爆心への突撃訓練などによって多くの兵員も被曝している。一九八〇年代になって、そうした退役軍人たちのあいだに次々と癌が発症し、それが被曝基準の見直しとＤＳ86（一九八六年線量推定方式）の編成へとつながった。被曝後三〇年を経ての調査結果が、米国をこうした行動に踏み切らせたと言ってよいだろう。被曝の影響は三〇年〜四〇年のスケールで見なければならないと言われるが、米国はその年月にわたって個々人の健康をチェックし続けたことになる。そして今後、さらに細かなデータが積み重ねられて、数十年後に「トモダチ作戦」の本当の結果が明らかになることだろう。

【資料】「トモダチ作戦」に関連するドキュメント・カレンダー（2011年3月11日～8月）

NRC：米原子力規制委員会／RR：ロナルド・レーガン／DOE：米エネルギー省／GW：ジョージ・ワシントン／DTRA：国防脅威削減局／ADC：陸軍放射線量測定センター／9th AML：第9戦域医療研究所／AFRAT：空軍放射線環境影響評価チーム／CBIRF：海兵隊化学・生物事故即応部隊／JSF：統合支援部隊／JTF-T：災統合任務部隊ー東北
●印の付いたものは行政的な動き、★印の付いたものは放射線部隊の動き

月	日	日本政府・自衛隊・東電等のうごき	米国政府・NRC/DOE等政府機関・太平洋軍・在日米軍司令部レベル	米空軍	米陸軍	米海軍海兵隊	その他
3	11	東日本大震災発生 日米共同指揮所設置 海自は米国で3月17日まで日米共同指揮所演習中					
	12		★米軍・NRC・DOE・DTRA要員6名来日				福島第一原発メルトダウン
	13		★太平洋軍統合放射線衛生作業群〈PACO MJRHWG〉、ハワイに設置			空母レーガン東北沖到着	福島第一原発水素爆発
	14		米軍航空機で放射線測定開始			ヘリ放射能検知のため空母RR一時活動停止 100キロ風上に移動	福島第一原発水素爆発
	15		★前方活動拠点FARPを山形空港に設置	★横田に嘉手納第18航空技術中隊が急派され放射線ドジメーターEPDゼロ点調整する		空母GW放射能検知・横須賀基地外出・換気制限 LSD46苫小牧で陸自車両移送	

	16	北沢防衛相（当時）米との調整役に 防衛省ヘリ原子炉放水断念	★米軍風向きモデル作成 ネバダ核即応チーム33人来日 NRCドーマン部長（当時）DTRAと会談				
	17	北沢防衛相、米NRC幹部と会談 福島原発上にヘリ放水実施 米太平洋軍、首相官邸宛リストを自衛隊に提示 東電、NRC、米大使館で会談し、NRCに助言要請 ●菅総理（当時）オバマ大統領（当時）電話会談、米支援を約束	★米大使館事故原発より80キロ圏内退避勧告 ★軍核専門要員9名派遣	★AFRAT派遣 ↓		空母GW第5航空団グアムに退避 厚木基地婦女子退避大統領令 海軍部隊横田で強力ポンプを佐世保から福島に移送	
	18		米大統領日本大使館訪問 ●米軍自主避難開始 ★在日米軍司令が長時間会合をもつ	↓	★米陸軍放射線量測定センター(ADC)支援開始	米艦セーフガード八戸をサルベージ	
	19		●ウィラード太平洋軍司令官（当時）司令部要員90名で横田にスクリーニングシートBUMED発行	↓		★海兵隊強襲揚陸艦エセックスら3隻秋田沖に到着 ★海軍放射線学アシスタントチーム21名エセックスに乗艦	

月	日	日本政府・自衛隊・東電等のうごき	米国政府・NRC/DOE等政府機関・太平洋軍・在日米軍司令部レベル	米空軍	米陸軍	米海軍海兵隊	その他
3	21	●統合幕僚長・米太平洋軍司令官会談	米軍ヨード剤配布決定	★AFRAT派遣 (↓)		空母GW横須賀港出港	リビア開戦「オペレーション・オデッセイ」
	22	日米連携チーム初会合	米エネルギー省EOD無人機観測開始			空母GW洋上で甲板除染作業	東京都水道水汚染発表
	23					海兵隊ブリラキス統合部隊上陸構成部隊司令官（JFLCC）[当時]と艦隊アセスメント危機管理部隊長が厚木で放射能除染施設について会談	福島第一原発が炉心再溶融
	24		●統合支援部隊（JSF）横田に設置 [以後すべての指示は太平洋軍司令部に]	空軍放射線影響評価チーム（AFRAT）横田に拠点をすでに置いている			
	25	横須賀の真水はしけを福島に移動		AFRAT横田の水道水検査		海兵隊JFLCCが仙台を事前調査（ドジメーターEPD装着）	
	26		統合支援部隊JSF会合			海軍ヨード剤配布	
	27					岩手県大島に第Ⅲ海兵遠征軍LSDで上陸 海軍海兵隊CBRNチーム厚木でデモンストレーション	

	28		ヤッコ米原子力規制委員会（NRC）委員長（当時）が日米協議に参加	AFRAT 小名浜港放射能検査		仙台空港海兵隊員ドジメーターEPD装着	オーストラリア軍強力ポンプ小名浜経由で福島へ移送
	30				★陸軍第9戦域医療研究所（AML）19名米本国で結団式	第Ⅲ海兵遠征軍石巻工業高校清掃支援、このときドジメーターEPD装着	
	31		海兵隊CBIRF派遣決定			海兵隊仙台空港（EPD装着している） 海軍CBRNチーム厚木で	
4	1		★前進統合指揮管制部隊（DJC2）横田に展開				
	2		↓			CBIRF先遣隊横田へ	
	3		DJC2確立			★CBIRF155名横田に到着	
	4	太平洋軍司令官・北沢防衛相・ルース駐日大使（当時）が厚木・空母レーガンを訪問					
	5			AFRAT が仙台空港でサンプリング		★海兵隊CBIRFと第Ⅲ海兵遠征軍CBRNユニットが厚木で危機管理支援部隊（CMSF）を結成（500人規模）	

月	日	日本政府・自衛隊・東電等のうごき	米国政府・NRC/DOE等政府機関・太平洋軍・在日米軍司令部レベル	米空軍	米陸軍	米海軍海兵隊	その他
4	6		★空母等主要部隊撤収			海兵隊CBIRF陸自に訓練公開	
	8					海兵隊 CBIRF 大宮駐屯地陸自と意見交換	
	9					CBIRF が陸自と公開演習（横田・中特防）	
	11	市ヶ谷（防衛省）でJSF協議					
	12		●太平洋軍司令官帰国				
	13	レベル7と政府発表					
	14		自主避難命令解除				
	15				横田水道水を第9AMLが検査		
	17	東電工程表発表 菅首相クリントン国務長官（当時）会談	ルース駐日大使に計画表渡る				
	18		自主避難の終了				
	20					空母GW横須賀に帰港	
	21	防衛省が原発温度低下・汚染管理リスク低減計画により帰国可と発言				第5空母航空団厚木に帰着開始	

	23	北沢防衛相横田基地訪問				CBIRFが陸自と合同訓練・撤収（横田）	
	26	藤崎駐米大使（当時）DTRA訪問					
	30	日米外相会談					
5	1		米軍危険手当の解除				
	4					★CMSF海兵60人沖縄帰還	
	5				★第9戦域医療研究所（AML）撤収		
	13			AFRAT座間ラボ開設を支援する			
6	5		ヨード剤廃棄指示				
	30	北沢防衛相、横田基地JSF表敬訪問	●統合支援部隊JSF解散				
7	1	●自衛隊JTF—東北の任務解散					
	20		★トモダチ記録計画の開始				
8					★座間陸軍公衆衛生軍団検査体制の中核に	横須賀・嘉手納検査体制	

おわりに

本稿は私の「トモダチ作戦」の「分析」である。

二〇一一年三月一一日のあの日以来、自衛隊の発言権は大きくなり、その一方で北朝鮮や中国の問題や日本国内での、大国意識、強国意識や軍事的挑発をめぐる発言。果ては核武装までが公然と口にされるような風潮になり、心配をしてきた。しかしその一方で依然日本の自衛隊は秘密主義であり、その活動はあまり発表されない。むしろインターネットやソーシアル・ネットワークシステム（SNS）をみると、米国の方が情報の公開ではすすんでいる。しかしそこは情報先進国＝米国、沢山の情報は発信されているが、情報操作をするなかで自国に有利なように世論を「誘導する」ことには長けている。日本はこの「トモダチ作戦」を経て、すっかり米国の支配下に入ってしまったかのようだ。だが、情報を丹念に調べていくと、「トモダチ作戦」の圧倒的に主要な部分は福島第一原発事故への対応であることがわかる。

二〇一二年四月米海軍厚木基地に出向いてみると、日米の各部門がその「トモダチ作戦」を誇らしげに写真「展示」していた。私たちの「期待」に反して、米軍の「展示」には被災者支援の姿は一枚も展示されていない。「がんばろう日本」とあっても、すべては放射線の測定や放射能下でいかに米軍は奮戦したかを描いているものだった。一方、自衛隊のそれは十分な装備、防護手段もないままで現地に向かい、奮闘する姿があった。それはどこか「悲愴感」が漂うものであった。いったい、この日米の差は何なのだろうか。また、どうしてこれまでに中央政治も自衛隊も、もちろん原子力企業も、それこそ「従属的」ともいえる状態が国民の前にあからさまに、私たちの見えないところで展開されていたのだろうか。そうした実態が読者のみなさんに伝われば幸いである。日本という国にとって、政治の中枢、軍事、エネルギー政策の典型としての原子力は、まさにアメリカの「傘」、いやアメリカの「国内」なのである。そして、そうした実体が巧妙に「隠され」続けてきたのが、この「トモダチ作戦」そのものである。

この原稿は大きく三部に分かれている。第一部は二〇一一年から一二年に地方民報「新かながわ」に一二回にわたって連載された原稿に加筆修正を加えさせていただいたものである。第二部は、その後の米軍や米政府機関の発表などから発表された事実にもとづいて分析したものである。第三部は本稿執筆から五年が経過し、米国防脅威削減局から発表された報告書を精査して米空母ロナルド・レーガン乗組員による福島原発被曝訴訟の一助になればと期待して、五年後の現状を考察したものである。実はこうした「トモダチ作戦」に関わる実体を扱った新聞記事や報道などは、作戦開始当初からいっさいなかった。不思議なくらいだ。それは世論のなかに疑念や違った考えを許さないような風潮が生まれていたからかもしれない。そこを突き破ってくれたのがこの「新かながわ」であった。自由に意見を語れるということの大切さを身をもって実感させていただいた。おかげで「新かながわ」読者のみなさんにもご好評をいただき。さらに人づてに様々なひとに読み継がれているようだ。そしてこれをきっかけに宮城県にも取材をさせていただき、石巻工業高校の職員の方は、「こんなことがあったんだ」と驚いていられたことを記憶している。そしてこうした斬新な勇気ある報道姿勢が、読者を通じて、旬報社に伝わり、本書の発行へとつながった。

一六年の米大統領選挙で、世界の予想に反して共和党で不動産王のトランプ氏が当選をした。世界中がトランプ・ショックともよばれる驚きと世界の将来に不安を抱く声が渦巻いている。人種差別発言や女性差別発言、メキシコとの国境に壁をつくるなど、それまでの米国の路線とは大きく食い違う路線の過激な発言が飛び交い、新自由主義政策で格差の広がった社会のやるかたない不満を吸収し、煽り、マスコミも制した。その過激な発言ゆえにマスコミを逆手に制したとも言えるだろう。彼の手腕は未知数だ。資本主義が行き詰ったなかでの資本家政権。そして迎合する大衆の勢いを受けての政権運営となる。軍事の分野では、その人脈がなく、現在の軍部からもあまり支持する声は聞こえない。むしろその「政策」の実現可能性が低いものとして批判的に評価するものが多い。はっきりしているのは「強いアメリカ」だ。

このトランプ大統領の登場について、パクス・アメリカーナの完全な終焉が言われている。私個人の考えでは、パクス・アメリカーナはすでに一九八〇年代後半には始まっていたと思っている。それは核兵器開発と核戦争体制の競争が、米ソ両大国に過大な経済的負担を強いていたからだ。旧ソ連は一九八六年のチェルノブイリ原発事故で決定的となり内部崩壊した。その後、単独支配をしなければならなくなったアメリカは、やっと一九九八年に国防脅威削減局（ＤＴＲＡ）を設立。世界の核兵器・核物質のコントロールに着手する。しかし、二〇〇一年九月一一日の同時多発テロ事件で、核兵器や核物質などの拡散が現実の脅威であることを初めて認識した。核兵器が存在するがゆえに世界は混とんとした緊張状態にある。いわゆる正規軍とテロ組織など、非正規の武装組織との戦争に引きずり込まれている。そして核軍拡競争の時代に築いた産軍共同体は、新しい市場を求めてインド・アジア・中東・アフリカなどで販路を拡大し、その政治的な影響力も行使しようと激しい競争をし始めている。第一次世界大戦はパクス・ブリタニカの崩壊のなかで、なぜ戦争が長期化してしまったのか、なぜ戦争となってしまったのかがわからないといわれる無秩序のなかでの大戦であったといわれる。いま世界は第一次世界大戦時と似たような状況のなかにあるのではないか。そして、それは世界にインターネットやSNSが普及するなかで、人々の声は世界中をめぐるが、富はパナマ文書にみられるように見えない一部に集中し分配されない。社会の不満のやり場のないなかで、世界中が攻撃する「敵」をつくろうとしている。それこそがトランプ現象なのではないか。

こうしたときこそ私たちは歴史に向き合うことが必要なのだろう。過去の一〇〇年間で私たち日本人にはいくつかの向き合うべき問題があった。東洋の一島国であった日本が、世界的経済力を持つようになるなかで避けて通れない問題があった。それは先の太平洋戦争・日中戦争・第二次世界大戦での敗戦。国を崩壊させ、国民をどん底に陥れたあの戦争とどう向き合うのか。そして二〇一一年三月一一日の東日本大震災での福島第一原子力発電所事故。この計り知れない数十年後、いや数百年、一〇万年後の将来までも影響を残すことが明確なフクシマ原発事故とどう向き合うのかが問われている。私たちはこの二つの問題に正面から向き合ってきたのだろうか。日本人一人ひとりがその日常の生業や職業、家族や社会を通して誠実に向き合ってきたのか。国家は、政治は、その責任をもって向き合ってきたのか。いまからでも遅くない。一人ひとりが声を上げることが過去の歴史の過ちを繰り返さないことにつながる。

本文が世に出る機会を与えていただき、本書の校正・編集とお世話になり、自由に書かせていただいた旬報社のみなさんと編集部の真田聡一郎氏に感謝申し上げたい。また、なんといってもこの企画を採用していただいた「新かながわ」編集長の瀬谷昇司氏にも感謝申し上げたい。さらに、こうした基地や米軍の実体を告発し、何よりも平和運動の先頭に立って奮闘されてきた故長尾正良先生、故福島要一先生。さらに東北の秋田で奮闘されていた故佐藤雄二先生、そして志し半ばで早世した松尾高志兄に本書と研究の成果をささげ、微力ながら、さらなる探求と戦争のない平和な神奈川と沖縄、日本、世界の実現への貢献を誓いたい。

二〇一六年一二月記

●著者紹介
石井康敬（いしい　やすのり）
1958年生まれ。フリーライター。（株）消費経済研究所を経てフリーとなる。幼年期から米軍基地の多い神奈川県で基地と隣り合わせに過ごす。軍事問題について調査・研究活動を行う一方で、県内を中心に基地の実態をレポートし、地方新聞などに発表している。

フクシマは核戦争の訓練場にされた
——東日本大震災「トモダチ作戦」の真実と5年後のいま

2017年2月3日　初版第1刷発行

著　　者　石井康敬
発 行 者　木内洋育
編集担当　真田聡一郎
発 行 所　株式会社旬報社
〒112-0015 東京都文京区目白台 2-14-13
Tel. 03-3943-9911　Fax. 03-3943-8396
www.junposha.com
印刷・製本　シナノ印刷株式会社

ISBN978-4-8451-1493-1　C0036